Rabaoui Ammar

Tecnologia Blockchain e serviços em linha

Rabaoui Ammar

Tecnologia Blockchain e serviços em linha

A tecnologia digital e a descentralização da ação pública

ScienciaScripts

Imprint

Any brand names and product names mentioned in this book are subject to trademark, brand or patent protection and are trademarks or registered trademarks of their respective holders. The use of brand names, product names, common names, trade names, product descriptions etc. even without a particular marking in this work is in no way to be construed to mean that such names may be regarded as unrestricted in respect of trademark and brand protection legislation and could thus be used by anyone.

Cover image: www.ingimage.com

This book is a translation from the original published under ISBN 978-620-6-71843-7.

Publisher:
Sciencia Scripts
is a trademark of
Dodo Books Indian Ocean Ltd. and OmniScriptum S.R.L publishing group

120 High Road, East Finchley, London, N2 9ED, United Kingdom
Str. Armeneasca 28/1, office 1, Chisinau MD-2012, Republic of Moldova, Europe
Printed at: see last page
ISBN: 978-620-7-99320-8

Resumo

O blockchain é uma solução de troca digital segura, sem intermediários, entre parceiros para todos os tipos de atos: transações, contratos inteligentes, votação, direitos autorais, armazenamento de documentos etc. O objetivo desta pesquisa é definir e analisar as possibilidades de implementação da tecnologia blockchain e seu impacto nos serviços on-line da Tunísia e na vida dos cidadãos.

Essa tecnologia tem um enorme potencial de desenvolvimento e aplicação. Dependendo da área em que for implementado, o Blockchain poderá resolver certos obstáculos encontrados e alterar processos básicos. Cada uma das administrações tunisianas, mais cedo ou mais tarde, terá de enfrentar as mudanças trazidas pelo blockchain. Não há motivos tecnológicos ou econômicos para forçar o desenvolvimento, pois essa é uma tecnologia fundamental e não uma tecnologia disruptiva.

Portanto, há muitas oportunidades para que os formuladores de políticas usem este trabalho como um ponto de introdução para um futuro distribuído e movido a Blockchain. Este trabalho também pode servir como ponto de partida para outras pesquisas, especialmente no sistema de saúde da Tunísia, que atualmente está passando por uma transformação estrutural e organizacional. O ecossistema de saúde está vendo o surgimento de uma estrutura em rede, com o aumento da urbanização digital, e o domínio do gerenciamento de informações traz consigo desafios econômicos e jurídicos, além de perspectivas reais para os profissionais da informação.

Palavras-chave: tecnologia Blockchain, serviços on-line, problemas, gerenciamento de informações, sistema de saúde tunisiano, desenvolvimento.

Agradecimentos

O trabalho de pesquisa apresentado nesta dissertação foi desenvolvido na Unidade de Administração Eletrônica da Presidência do Governo da Tunísia, em colaboração com a Ecole Nationale d'Administration de Tunis (ENA).

Gostaria de agradecer a todas as pessoas que contribuíram para minha dissertação e me ajudaram a escrever este relatório.

Em primeiro lugar, gostaria de agradecer ao Sr. Khaled SELLAMI, Diretor Geral da Unidade de Administração Eletrônica da Presidência do Governo (até maio de 2023), por seu apoio, seus conselhos e todo o tempo que dedicou a mim.

Gostaria de agradecer a todos os membros da Unidade de Administração Eletrônica que conheci durante o curso desta dissertação.

Por fim, também gostaria de agradecer a todas as pessoas que gentilmente concordaram em se reunir comigo e discutir os vários tópicos do meu relatório;

Ammar Rabaaoui
Graduação em engenharia em
ciência da computação aplicada,
mestrado em sistemas inteligentes
e de comunicação (SIC) e
diploma de pós-graduação da
Ecole Nationale d'Administration
em Tunis.

Conteúdo

Introdução geral

Atualmente, estamos testemunhando a proliferação simultânea de Big Data, inteligência artificial, ciência de dados, robótica e outras tecnologias de ponta e rapidamente emergentes. Essas tecnologias de ponta apoiam e aumentam umas às outras, afetando os sistemas de alimentos, saneamento, energia, educação, saúde, serviços sociais e muito mais.

Os governos de todo o mundo, e da Tunísia em particular, entendem a importância de oferecer apoio positivo ao surgimento dessas tecnologias e seus usos. Isso se manifesta na forma de relatórios, experimentos em usos públicos ou intervenções legislativas destinadas a facilitar as conquistas privadas. [1]Foi nesse contexto que a Tunísia introduziu, por exemplo, uma lei sobre a promoção de start-ups com o objetivo de incentivar jovens promotores a criar valor econômico por meio das NTICs.

Nos últimos anos, uma importante inovação de TI conhecida como "Blockchain" surgiu como uma tecnologia potencialmente promissora. O Blockchain é um novo conceito que está impulsionando e contribuindo para a transformação digital em vários setores, especialmente no setor público. Vários experimentos foram lançados em uma ampla gama de setores econômicos. [2]Isso levanta questões sobre a relevância do uso do blockchain para usos específicos e sobre as reais motivações dos vários participantes envolvidos.

O objetivo desta dissertação é explorar o blockchain e seus usos. Essa tecnologia, que promete benefícios substanciais para os setores em que será aplicada, está atualmente em um estágio inicial de apropriação, mas está evoluindo rapidamente.

---

[1] "Projeto de lei n° 003/2018 sobre empresas emergentes".

[2] Berbain C., (2017), "La blockchain : concept, technologies, acteurs et usages", Série trimestrielle - Réalités Industrielles - Blockchains and smart contracts: technologies of trust? , página 6

A pesquisa é essencialmente uma abordagem proativa, na maioria das vezes assumindo a forma de aplicações piloto projetadas para obter uma melhor compreensão de como a tecnologia funciona, para provar que determinados conceitos de uso são viáveis, para identificar soluções para os problemas contratuais e regulatórios apresentados, para construir novas relações comerciais e para aprender como apoiar essas mudanças.

No entanto, as grandes mudanças que os usos do blockchain podem introduzir certamente incentivarão as administrações públicas a se interessarem por essa tecnologia e a desenvolverem projetos inovadores que lhes permitirão acompanhar, ou até mesmo antecipar, as práticas administrativas em constante evolução.

O objetivo desta dissertação é delinear uma abordagem ampla de intervenção governamental na apropriação da tecnologia blockchain. Esse caminho apresenta o Estado como um regulador dos usos dessa tecnologia, iniciando um processo de reflexão sobre a definição das regras do jogo que permitem proteger os cidadãos-consumidores ou estabelecendo as regras de qualidade que a tecnologia Blockchain deve respeitar para ser considerada confiável em relação a um uso, para garantir a execução de decisões legais por meio dessa tecnologia ou para aplicar as regras de respeito à privacidade ou o combate à fraude.

Como no caso das transações digitais, também surgirão dúvidas sobre a territorialidade das operações realizadas com a tecnologia blockchain. Como resultado, o fortalecimento da segurança dessa tecnologia também pode envolver a consideração da conveniência de desenvolver capacidades nacionais ou apoiar participantes privados no desenvolvimento de aplicativos que incluam essa tecnologia.

Além disso, o crescimento progressivo da quantidade de dados gerados por nossas trocas, que é uma das dimensões do Big Data, levanta questões de controle de autenticidade, controle dos riscos de pirataria e compartilhamento de dados individuais, para os quais a tecnologia Blockchain está tentando fornecer uma solução.

A principal ideia por trás da tecnologia blockchain é, portanto, criar um livro-razão distribuído que opere sem um órgão de controle centralizado e que possa ser atualizado em tempo real por todas as partes envolvidas em uma troca, combinando-o com métodos tradicionais de criptologia para controlar o nível de informações compartilhadas.

A Blockchain, essa nova tecnologia, tem um potencial impressionantemente versátil. [3]Após seu uso inicial no campo das moedas virtuais conhecidas como Bitcoin, ela agora está começando a ser testada em campos tão variados quanto energia, transporte e indústria automotiva. ....

Para compreender esse novo conceito, precisamos tentar defini-lo, identificar seus elementos estruturantes e questionar a relevância de suas propriedades e promessas.

[4]Tecnicamente, a tecnologia blockchain pode ser vista como a combinação de três tecnologias: um sistema de compartilhamento peer-to-peer em uma rede que forma o registro compartilhado, algoritmos para validar novas entradas gravadas nesse registro e técnicas criptográficas avançadas para proteger as trocas ou transações de dados. Essa combinação cria uma infraestrutura que gera confiança na troca de valores entre as partes interessadas sem a necessidade de um intermediário.

A tecnologia Blockchain pode, portanto, substituir potencialmente todos os casos em que essa autoridade central não tem outra utilidade a não ser atuar como intermediária. Como resultado, essa tecnologia pode ser vista como um desafio aos poderes centralizados, já que é a primeira vez na história das revoluções tecnológicas que uma tecnologia tem a capacidade de agir sobre o poder vertical e centralizado exercido pelos Estados em uma ampla variedade de áreas, desde a auditoria de empresas até sistemas eleitorais e de votação em geral, gerenciamento de propriedade de terras e transferências de propriedade, sistemas de seguro, distribuição de eletricidade ou combustível....

No entanto, o movimento em direção ao uso do blockchain pode ser prejudicado por três fatores de incerteza: o desenvolvimento semimaduro dessa tecnologia e de seus algoritmos subjacentes, a calibração do feedback sobre a rentabilidade dos investimentos nesse campo por um

---

[3] MEDEF, (2016), "La blockchain pour les entreprises - Soyez curieux! Entenda e experimente", página 9

[4] MEDEF, (2016), "La blockchain pour les entreprises - Soyez curieux! Entenda e experimente", página 11

longo período e a atual falta de regulamentação formalizada. No entanto, em vista de seu possível impacto e apesar das incertezas, é essencial que os tomadores de decisão públicos e privados conheçam a tecnologia blockchain e estudem suas possíveis implicações para suas atividades, em especial garantindo a interoperabilidade, a transparência e a confidencialidade dos sistemas e das redes em todas as condições.

O objetivo desta dissertação é, portanto, explicar os conceitos subjacentes à tecnologia blockchain, fazer um balanço do progresso dessa revolução e identificar as principais perguntas que os agentes econômicos e os tomadores de decisão precisam fazer a si mesmos se quiserem se beneficiar dessa revolução.

Mais especificamente, a primeira parte desta tese destaca como a tecnologia blockchain funciona, respondendo à seguinte pergunta: o que o conceito de "tecnologia blockchain" abrange e quais são suas funcionalidades?

A segunda parte da dissertação explora os possíveis usos da tecnologia blockchain em um contexto tunisiano, especialmente em atividades públicas, e demonstra o interesse dos tomadores de decisão em experimentar essa tecnologia. Esta seção aborda a seguinte questão: Qual é a posição das administrações públicas nacionais com relação ao uso da tecnologia blockchain? E há aplicativos específicos que merecem ser explorados com mais profundidade em estudos de caso?

Por fim, a terceira parte será dedicada a propor uma possível integração dessa tecnologia no setor de saúde com o objetivo de promover serviços de saúde para o benefício dos cidadãos tunisianos e fortalecer a resiliência e a sustentabilidade dos sistemas de saúde da Tunísia. Isso envolve responder à seguinte pergunta: Qual é a abordagem tecnológica mais adequada para garantir essa integração para uso futuro nesse setor?

Chapitre I. Conceito e problemas

Introdução

Neste capítulo, tentaremos apresentar a evolução da governança digital e o interesse em abordar o conceito de blockchain (1). Em seguida, descreveremos essa tecnologia (2) e suas origens (3). Os aspectos técnicos serão então discutidos em termos de estrutura (4), tipos (5) e propriedades (6), seguidos de uma ilustração da utilidade e do potencial da tecnologia blockchain (7) e das oportunidades e desafios da implementação dessa tecnologia (8).

1. Evolução da governança digital global

O governo eletrônico tornou-se parte integrante da transformação do setor público. As tecnologias de informação e comunicação (TICs) possibilitaram o fornecimento de serviços mais modernos aos cidadãos e às empresas, o estímulo à sociedade da informação e às novas economias emergentes, além de impulsionar a transformação do setor público.

Inovações como a computação em nuvem e o Big Data, juntamente com a rápida disseminação da Internet, incentivaram o surgimento de plataformas digitais como o canal preferido para a prestação de serviços. Os governos e a forma como prestam serviços aos seus cidadãos estão seguindo padrões semelhantes.

Além disso, desde o início de 2003, as Nações Unidas publicam regularmente sua Pesquisa de Governança Eletrônica, que avalia o desenvolvimento dos recursos nacionais de governo eletrônico nos 193 Estados Membros das Nações Unidas. [5]A classificação global proposta baseia-se em um indicador chamado EGDI (E-Governement Development Index), que abrange três índices principais: serviços on-line, infraestrutura de telecomunicações e capital humano. Os três índices que compõem o EGDI abrangem uma ampla gama de tópicos relevantes para o governo eletrônico:

---

[5] "UN E-Government knowledgebase", disponível em https://publicadministration.un.org/egovkb/en-us/;

- O índice de serviços on-line mede a capacidade e a disposição de um governo para fornecer serviços e se comunicar com seus cidadãos eletronicamente.
- O índice de infraestrutura de telecomunicações mede a infraestrutura existente necessária para que os cidadãos participem do governo eletrônico.
- O índice de capital humano é usado para medir a capacidade dos cidadãos de usar os serviços de governo eletrônico.

[6]De acordo com o último relatório das Nações Unidas "United Nations E-Government Survey 2018", e como em 2016, a Tunísia ainda está posicionada no grupo de países africanos com um alto nível de EGDI. èmeèmeèmeème Classificada em 108º lugar na primeira edição do relatório, em 2003, e em 103º lugar em 2012, a Tunísia está atualmente em 80º lugar no ranking mundial de "governo eletrônico" e em 3º lugar na África, depois de Maurício e África do Sul.

Atualmente, governos e cidadãos de todo o mundo coexistem em um ecossistema de governança digital facilitado por uma ampla gama de fatores tecnológicos interconectados que fornecem serviços aos cidadãos em áreas como saúde, identidade e serviços sociais, etc.

O surgimento de novas tecnologias e as mudanças no comportamento do público explicam o enorme sucesso da digitalização do governo. O futuro do governo eletrônico é promissor, dada a resposta positiva dos usuários e a apreciação de seus benefícios pelos funcionários públicos. Muitos projetos para melhorar os serviços públicos ainda estão sendo estudados, com o objetivo de facilitar a vida cotidiana das pessoas. A realidade é que a digitalização afetará todos os serviços administrativos, possibilitando a conclusão de todos os procedimentos.

Entretanto, a projeção do governo eletrônico deve ser acompanhada por uma governança equilibrada e adequada. A crescente demanda dos usuários para estarem no centro das preocupações da administração exige métodos diferentes e genuinamente inovadores no relacionamento entre

---

[6] Departamento de Assuntos Econômicos e Sociais das Nações Unidas, (2018), "United Nations E-Government Survey 2018", Copyright © United Nations, 300 pp.

aqueles que governam e aqueles que são governados. O desenvolvimento de serviços digitais deve oferecer a melhor resposta possível ao desafio de modernizar o governo, incentivando novos usos. Ele também deve nos permitir enfrentar o desafio político e democrático.

Ao adotar uma abordagem totalmente participativa, a tecnologia digital deve ajudar a aumentar o valor dos indivíduos, revitalizar as relações entre os vários participantes e abrir o campo da criatividade a serviço do interesse geral.

Assim, o uso combinado de inovações criativas na operação de serviços públicos é uma ferramenta para a inovação no governo. A tecnologia blockchain representa um dos aspectos tecnológicos dessa inovação. [7]Os riscos envolvidos no uso dessa tecnologia são altos, promovendo a noção de compartilhamento em suas dimensões econômica, social, política e jurídica.

O entusiasmo gerado pela tecnologia blockchain e suas possíveis aplicações levou à rápida formação de um rico ecossistema no qual vários tipos de participantes, com motivações variadas, estão envolvidos:

- Muitas start-ups foram lançadas, inclusive as que prestam consultoria;
- Grandes grupos, especialmente no setor financeiro (bancos, seguradoras, etc.), estão experimentando isso em parceria com start-ups ou com laboratórios ou unidades de pesquisa e inovação;
- [89]Autoridades públicas, tanto na Tunísia quanto internacionalmente (Tunisian Post Office, France Stratégie, UK Government Office for Science) estão acompanhando ou observando o fenômeno.

Como resultado, uma questão fundamental para os governos, e para a Tunísia em particular, é agora como adotar essa inovação digital em suas políticas e encontrar maneiras de implementá-la em sua função de

---

[7] Faridah D., et Gallouj F, (2012) " L'innovation dans les services publics ", Revue française d'économie, volume xxvii, no. 2, pp. 97-142 ; Disponível em https://www.cairn.info/revue-francaise-d-economie-2012-2-page-97.htm

[8] "Le volet "Blockchains" de France Stratégie", disponível em http://www.strategie.gouv.fr/chantiers/blockchain ;

[9] "Distributed ledger technology: beyond block chain", disponível em https://www.gov.uk/government/news/distributed-ledger-technology-beyond-block-chain ;

facilitador e provedor de serviços. O restante deste documento tentará responder a essa pergunta.

2. Definição e modo de operação da tecnologia blockchain

[10]Blockchain é uma tecnologia de armazenamento e transmissão de informações que é transparente, segura e opera sem um órgão de controle central (definição da Blockchain France).

Blockchain é um processo de computador que permite que qualquer transação, como a troca de dinheiro ou a transferência de informações confidenciais, seja 100% autenticada. Tomando como exemplo uma compra on-line, ao usar a tecnologia blockchain, não precisamos mais passar por um intermediário financeiro que certifique que temos dinheiro em nossa conta. Isso significa que terceiros que não se conhecem podem fazer transações seguras sem um intermediário. A questão é: como isso funciona?

Referindo-se ao matemático Jean-Paul Delahaye, um Blockchain pode ser comparado a "um caderno muito grande, que qualquer pessoa pode ler livremente e de graça, no qual qualquer pessoa pode escrever, mas que é impossível de apagar e indestrutível".[11]

A tecnologia Blockchain assume a forma de um grande registro virtual no qual todas as transações são armazenadas. Os dados são criptografados e, cada vez que uma transação é realizada, é criado um pequeno pedaço de informação chamado "bloco" (conforme mostrado na Figura 1 abaixo). Esse bloco é necessariamente gerado a partir dos blocos anteriores, daí o nome da tecnologia, Blockchain, que é, portanto, uma sucessão de blocos matemáticos interconectados contendo o histórico de todas as trocas realizadas entre seus usuários desde sua criação.

---

[10] Blockchain France, (2016), "La Blockchain décryptée-Les clefs d'une révolution", Observatoire Netexplo © Blockchain France Associés, página 1

[11] Blockchain France, (2016), "La Blockchain décryptée-Les clefs d'une révolution", Observatoire Netexplo © Blockchain France Associés, página 2

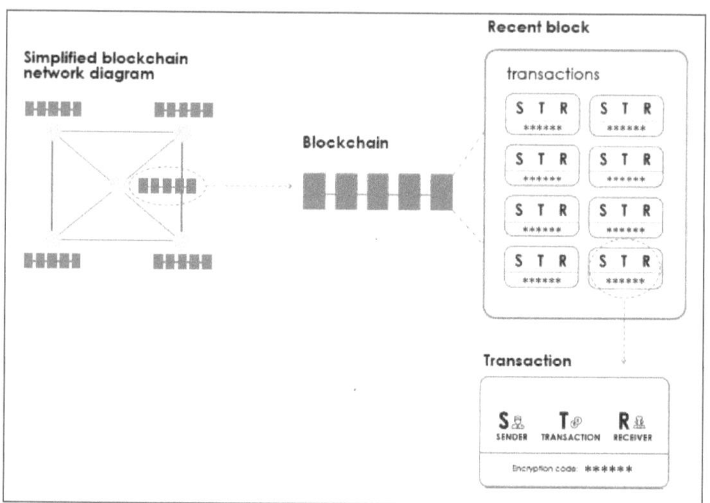

Figura 1Ilustração simplificada de uma rede de registro distribuído (Blockchain)[12]

A figura a seguir (Figura 2) mostra como as cadeias de blocos chegam a um acordo.

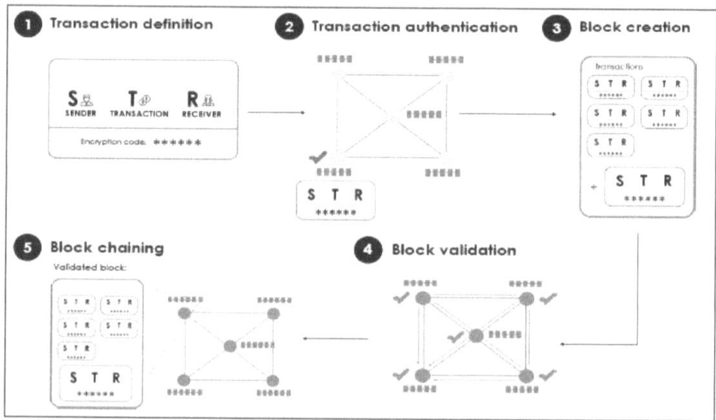

---

[12] EVRY, (2016), "Blockchain: Powering the Internet of Value", Whitepaper @ evry's labs, página 9; disponível em https://www.evry.com/en/news/articles/banking-on-the-blockchain/

Figura 2Visão geral de uma transação Blockchain[13]

Cada nó da rede descentralizada de blockchain contém uma cópia de um registro transacional: os dados modificados em um nó devem ser autenticados pela aprovação dos pares depois de replicados na rede. Os blocos, construídos a partir de uma lista crescente de registros como fundamento básico, são vinculados e protegidos usando uma forte infraestrutura criptográfica de chave pública. Esses blocos são vinculados por um ponteiro de hash (função de hash criptográfica) que garante que as transações sejam invioláveis.

Cada bloco contém um conjunto de transações, cujo tamanho depende do número de transações realizadas. O tempo necessário para concluir o processo varia de acordo com o blockchain em questão. Mas de onde vem essa tecnologia?

3. Origem e desenvolvimento da tecnologia blockchain

Para entender mais sobre o blockchain, precisamos voltar à fonte. Na verdade, qualquer integração ou desenvolvimento de uma nova tecnologia ou serviço on-line baseia-se essencialmente no grau de confiança dos vários usuários. Duas grandes inovações revolucionaram a forma como a confiança é gerada: avanços na criptografia e nas arquiteturas de computação distribuída. A Tabela 1 abaixo apresenta um breve histórico desses desenvolvimentos, que levaram ao nascimento da tecnologia blockchain.

Data	Evolução
1976 **Criptografia assimétrico : conceito duplo chave pública / privado**	Em 1976, os pesquisadores americanos Whitfield Diffie e Martin Hellman introduziram o conceito de chaves públicas e privadas duplas. A troca entre dois agentes deve ser criptografada sem a necessidade de uma senha, graças ao protocolo Diffie-Hellman. Essa inovação é a gênese da tecnologia blockchain. Essa inovação teórica foi acompanhada por um aumento exponencial no poder de computação associado à disponibilidade de unidades de computação, daí o surgimento da noção de computação em nuvem.

1990 Arquitetura distribuído : a Web	As arquiteturas distribuídas estão se tornando referência em termos de estabilidade e segurança. Um exemplo é a Web (HTML), que nasceu nos laboratórios do CERN no início da década de 1990. Há também o gerenciamento de nomes de domínio e os servidores de nomes de domínio (DNS) associados, que são distribuídos e replicados nos "nós" da Internet. Todos esses exemplos nunca falharam desde sua criação.
A criptografia e as arquiteturas distribuídas geradoras de confiança convergiram para formar a camada tecnológica do Bitcoin: o Blockchain.	
2008 Nascimento do Blockchain	[14]Em 2008, Satoshi Nakamoto revelou um método para resolver um problema criptográfico: o pagamento duplo ou o problema dos generais bizantinos. Isso impedia que dois agentes trocassem ativos sem passar por um terceiro de confiança. A solução baseia-se na arquitetura descentralizada que dá suporte ao Bitcoin: o blockchain. Por meio dessa descoberta, dois agentes que não se conhecem podem trocar ativos sem que a transação tenha que ser protegida e validada por uma autoridade central. Dessa forma, a confiança intrinsecamente criada pelo blockchain é uma ferramenta de desintermediação cujos efeitos diretos são reduzir os custos e tornar as trocas mais fluidas.
Pagamentos, transações, contratos: a tecnologia blockchain é o catalisador em potencial para uma abordagem totalmente disruptiva.	

Tabela 1Desenvolvimento histórico por trás da blockchain[15]

Na última década, a tecnologia blockchain foi desenvolvida como o principal componente do Bitcoin, a principal criptomoeda. Desde então, vários Blockchains surgiram como registros públicos para tipos específicos de transações. [16]Por exemplo, empresas como a IBM e a Samsung estão usando a tecnologia Blockchain para uma rede de dispositivos descentralizados da Internet das Coisas (IoT), operando como um registro público para permitir que eles se comuniquem diretamente entre si para atualizar o software, gerenciar bugs e monitorar o consumo de energia.

---

[14] Nakamoto S., (2008), "Bitcoin: A Peer-to-Peer Electronic Cash System", 9 p.; disponível em www.bitcoin.org

[15] Guillaume B., (2016), "Comprendre la Blockchain - anticiper le potentiel de disruption de la Blockchain sur les organisations", uchange.co, página 8

[16] "IBM Reveals Proof of Concept for Blockchain-Powered Internet of Things", disponível em https://www.coindesk.com/ibm-reveals-proof-concept-blockchain-powered-internet-things/;

Assim, a blockchain evoluiu de um mecanismo para alimentar a criptomoeda Bitcoin para uma tecnologia que está pronta para ser integrada em uma variedade de campos. [17]Seu desenvolvimento contínuo pode ser dividido em quatro estágios:

- **Blockchain V 1.0:** esse estágio é caracterizado por aplicações em criptomoedas, em especial o Bitcoin, graças à implementação da tecnologia de registro distribuído.

- **Blockchain V 2.0:** esse estágio reconhece o surgimento de contratos inteligentes para facilitar, verificar e executar transações. O surgimento do ecossistema Etherium é um exemplo disso, assim como a evolução dos aplicativos descentralizados, que usam protocolos de armazenamento de comunicação descentralizados.

- **Blockchain V 3.0:** este é o estágio de desenvolvimento e amadurecimento de blockchains autorizados, com inovações em produtividade e confidencialidade adaptadas às empresas.

- **Blockchain V 4.0:** este é o próximo estágio na evolução do blockchain e é caracterizado pela implantação de cadeias de valor em todo o setor, incluindo a integração de sistemas empresariais e a automação de processos sem fronteiras; esses desenvolvimentos devem, em última análise, aumentar a transparência e a confiança entre empresas, funcionários e clientes.

[18]A rede Bitcoin original, que surgiu em 2009, foi criada para proteger a criptomoeda Bitcoin. Ela tem cerca de 5.000 nós completos e é distribuída em todo o mundo. Ela é usada principalmente para trocar Bitcoin e negociar valores, mas a comunidade viu o potencial de fazer muito mais com a rede. Devido ao seu tamanho e à segurança comprovada, ela também é usada para proteger outros aplicativos de blockchain.

---

[17] Mishra R. et al, (2018), 'How Integrated Process Management Completes the Blockchain Jigsaw', Digital Systems & Technology @Cognizant, página 7
[18] Delahaye J., (2016), "Monnaies cryptographiques & blockchains", Université de Lille 1@ INRIA Saclay; disponível em http://cristal.univ-lille.fr/~jdelahay/LeBitcoin/DelahayeBitcoin23-6-2016.pdf

[19]A rede Ethereum, lançada no final de 2013, é uma segunda evolução do conceito de blockchain. Ela usa a estrutura tradicional do Blockchain e acrescenta uma linguagem de programação que é construída dentro dela. Assim como o Bitcoin, ela tem mais de 5.000 nós completos e é distribuída globalmente. A Ethereum é usada principalmente para trocar "ether" (uma moeda usada como intermediário financeiro para fazer os contratos inteligentes funcionarem), estabelecer contratos inteligentes e criar organizações autônomas descentralizadas (DAOs). Ela também é usada para proteger vários aplicativos baseados em blockchain.

[20]A rede Factom, lançada em setembro de 2015, é uma terceira evolução da tecnologia Blockchain. Ela usa um sistema de consenso mais leve, incorpora votação e armazena muito mais informações. Ela foi criada principalmente para proteger os dados e o sistema. A Factom funciona com nós federados e um número ilimitado de nós de auditoria. Sua rede é pequena, portanto, ela se conecta a outras redes distribuídas criando pontes entre entradas de blockchain.

Obviamente, a tecnologia Blockchain possibilita a criação de um sistema descentralizado, pois as informações são distribuídas entre os computadores das pessoas conectadas, como um sistema peer-to-peer. Esse sistema garante a rastreabilidade, a confiança, a descentralização e a desintermediação. Portanto, a pergunta é: qual é o objetivo desse tipo de sistema?

4. A estrutura das cadeias de blocos

[21]As cadeias de blocos são compostas por três partes principais: o bloco, a cadeia e a rede.

❖ Bloqueio

---

[19] Comunidade Ethereum, (2017), "Ethereum Homestead Documentation, Release 0.1", Ethereum Homestead Documentation , página 8

[20] "Factom", disponível em https://www.okchanger.fr/cryptocurrencies/factom; e "Factom Foundation", disponível em https://www.factom.com/ ;

[21] Laurence T., (2017), "Blockchain for Dummies", John Wiley & Sons, Inc, Hoboken, New Jersey, 214 pp.

Trata-se de uma lista de transações registradas em um livro-razão durante um determinado período. O tamanho, o período e o evento de disparo dos blocos são diferentes para cada blockchain.

Nem todas as blockchains têm como objetivo principal gravar e proteger um registro da movimentação de suas criptomoedas. Mas todas as blockchains devem permitir esse tipo de registro. É preciso pensar na transação simplesmente como o registro de dados. Portanto, a atribuição de um valor (como em uma transação financeira) é usada para interpretar o que esses dados significam.

❖ Canal

Uma cadeia é um hash que vincula um bloco a outro, encadeando-os matematicamente. Esse é um dos conceitos mais difíceis de entender na tecnologia blockchain. Essa montagem permite que os vários blockchains criem confiança matemática.

O hash no blockchain é criado a partir dos dados do bloco anterior. O hash é uma impressão desses dados e bloqueia os blocos na ordem e no tempo.

Embora as cadeias de blocos sejam uma inovação relativamente nova, o hashing não é. O hashing foi inventado há mais de 30 anos. Essa inovação antiga é usada porque cria uma função unidirecional que não pode ser descriptografada. Uma função de hash cria um algoritmo matemático que mapeia dados de qualquer tamanho em uma cadeia de bits de tamanho fixo. Normalmente, uma cadeia de bits tem 32 caracteres e representa os dados que foram submetidos a hash. O Secure Hash Algorithm (SHA) é uma das funções de hash criptográficas usadas em blockchains. O SHA-256 é um algoritmo comum que gera um hash quase exclusivo de 256 bits (32 bytes) de tamanho fixo.

❖ Rede

A rede é composta de nós conhecidos como "nós completos". Eles são conectados a um computador que executa um algoritmo que protege a rede. Cada nó contém um registro completo de todas as transações que foram registradas em um blockchain. Os nós estão localizados em qualquer lugar do mundo e podem ser operados por qualquer pessoa. É difícil, caro e demorado operar um nó completo, por isso as pessoas não o fazem de graça. Elas são incentivadas a minerar um nó porque querem ganhar criptomoedas. O algoritmo subjacente do Blockchain as recompensa por seu serviço. A recompensa geralmente é um token ou uma criptomoeda, como o Bitcoin.

Deve-se observar que os termos Bitcoin e Blockchain são frequentemente usados de forma intercambiável, mas não são idênticos. De fato, o Bitcoin tem um Blockchain que funciona como um protocolo subjacente que permite a transferência segura de Bitcoin, e o termo Bitcoin é o nome da criptomoeda que alimenta a rede Bitcoin. Portanto, o Blockchain é uma classe de software, e o Bitcoin é uma criptomoeda específica.

5. Tipo de blockchain

As cadeias de blocos podem ser consideradas como bancos de dados distribuídos controlados por um grupo de indivíduos que armazenam e compartilham informações.

Um blockchain é uma estrutura de dados que permite que um registro digital de dados seja criado e compartilhado entre uma rede de partes independentes. [22]Há muitos tipos diferentes de blockchain:

- ❖ **Blockchains** públicos: blockchains públicos, como o Bitcoin, são grandes redes distribuídas que são executadas por meio de um token nativo. Elas estão abertas à participação de qualquer pessoa, em qualquer nível, e têm código-fonte aberto mantido por sua comunidade.

- ❖ **Blockchains autorizadas:** blockchains autorizadas, como a Ripple, controlam as funções que os indivíduos podem desempenhar na rede. Elas são sempre sistemas estendidos e distribuídos que usam um token nativo. Sua base de código pode ou não ser de código aberto.

- ❖ **Blockchains** privados: os blockchains privados tendem a ser menores e não usam tokens. Seus membros são rigorosamente controlados. Esses tipos de blockchains são preferidos por

---

[22] Laurence T., (2017), "Blockchain for Dummies", John Wiley & Sons, Inc, Hoboken, New Jersey, 214 pp.

sindicatos que têm membros confiáveis e trocam informações confidenciais.

Todos os três tipos de blockchain usam criptografia para permitir que cada participante de uma determinada rede gerencie o livro-razão com segurança, sem a necessidade de uma autoridade central para impor as regras. A remoção da autoridade central da estrutura do banco de dados é um dos aspectos mais importantes e poderosos das blockchains.

Os blockchains criam registros e históricos de transações permanentes, mas nada é realmente permanente. A permanência do registro é baseada na permanência da rede. No contexto das cadeias de blocos, isso significa que uma grande parte da comunidade da cadeia de blocos teria que concordar em alterar as informações e ter um incentivo para não alterar os dados.

Quando os dados são armazenados em um blockchain, é extremamente difícil alterá-los ou excluí-los. Quando alguém deseja adicionar um registro a um blockchain, também conhecido como transação ou entrada, os usuários da rede que têm controle de validação verificam a transação proposta. É nesse ponto que as coisas ficam difíceis, pois em cada blockchain é preciso descobrir como ele deve funcionar e quem pode validar uma transação.

6. Propriedades da tecnologia Blockchain

[23]Como a tecnologia blockchain reúne três tecnologias - arquitetura descentralizada, proteção criptográfica e emissão de criptomoedas ou transações -, ela implica a integração de três propriedades em relação a essas tecnologias: desintermediação, segurança e autonomia.

6.1.Desintermediação

A primeira propriedade da tecnologia blockchain é que ela fornece a confiança necessária para que os usuários troquem dados sem o controle de um terceiro confiável. Assim, o consenso substitui a validação centralizada.

---

[23] Guillaume B., (2016), "Comprendre la Blockchain - anticiper le potentiel de disruption de la Blockchain sur les organisations", uchange.co, páginas 11-15

As blockchains são ferramentas poderosas porque criam sistemas honestos que se corrigem automaticamente sem a necessidade de terceiros para aplicar as regras. Elas aplicam as regras graças ao seu algoritmo de consenso.

No mundo da tecnologia Blockchain, o consenso é o processo de desenvolvimento de um acordo entre um grupo de acionistas geralmente desconfiados. Esses são os nós completos da rede. Os nós completos validam as transações inseridas na rede para serem registradas em um banco de dados, formando assim um livro-razão distribuído.

Cada blockchain tem seus próprios algoritmos para criar um consenso dentro de sua rede sobre as entradas adicionadas. Há muitos modelos diferentes para criar consenso, pois cada blockchain cria diferentes tipos de entrada. Alguns blockchains são comercializados, outros armazenam dados e outros protegem sistemas e contratos.

Por exemplo, no sistema bancário, as transferências internacionais são caras e levam vários dias para serem processadas. Em contrapartida, uma transferência usando uma criptomoeda como o Bitcoin é praticamente instantânea, segura e gratuita.

Mas para que uma transação seja realizada em uma rede Blockchain, as informações vinculadas a ela devem ser integradas em um bloco. Para isso, a transação deve ser validada por vários nós da rede, conhecidos como "mineradores", que verificam sua conformidade resolvendo um problema criptográfico complexo. [24]Esse resultado pode ser verificado coletivamente usando o protocolo "Proof of Work". [25]Toda essa operação é chamada de "mineração". Quando todos os mineradores concordam com a validade da "Prova de Trabalho", a transação é integrada em um bloco, que é então adicionado à "cadeia de blocos".

O mecanismo para adicionar novos blocos é o resultado de um consenso entre os participantes da rede, o que torna desnecessário o

---

[24] Morabito V., (2017), "Business Innovation Through Blockchain, The B³ Perspective", © Springer International Publishing, página 10

[25] Morabito V., (2017), "Business Innovation Through Blockchain, The B³ Perspective", © Springer International Publishing, página 70

controle por uma instituição de referência. [26]Esse consenso é o vetor de desintermediação e aparece por meio da validação coletiva da "Prova de Trabalho".

6.2.Segurança

Há dois mecanismos que garantem a segurança estrutural das informações armazenadas em um sistema baseado na tecnologia Blockchain. O primeiro é o processo criptográfico: o código de cada novo bloco é construído com base no código do bloco que o precede na cadeia de blocos, de modo que é impossível que uma alteração em um bloco altere todos os blocos da cadeia. O segundo mecanismo é a arquitetura descentralizada, pois em uma arquitetura de cadeia de blocos, todos os blocos são replicados nos nós da rede, e não em um único servidor. Essa arquitetura descentralizada funciona como uma defesa estrutural contra os riscos de roubo de dados.

Como um método poderoso de proteger transações digitais por meio dessa infraestrutura de criptografia distribuída, o blockchain se tornou o novo "protocolo confiável". [27]Essa tecnologia agora é vista como tendo o potencial de resolver o problema de gastos duplos, também conhecido como o ataque de 51% que assola muitos setores, sem a necessidade de uma autoridade confiável ou de um servidor central.

O ataque de 51% é um ataque em que um hacker consegue possuir pelo menos 50% do poder de computação da mineração. Como resultado, ele teoricamente será capaz de criar blocos mais rapidamente do que todos os outros mineradores e, em seguida, criar um blockchain falsificado junto com o existente. Portanto, o design à prova de violação do blockchain é a chave para sua segurança.

6.3.Autonomia

Atualmente, os serviços on-line são apoiados por plataformas que fornecem a infraestrutura. No caso da tecnologia Blockchain, a capacidade de computação, medida em hashes/segundo, e o espaço de hospedagem são fornecidos pelos próprios nós da rede. Como resultado, em um

---

[26] Morabito V., (2017), "Inovação empresarial por meio de blockchain, a perspectiva da B³", © Springer International Publishing, página 69

[27] "What is a 51% or double spending attack?", disponível em https://cryptoast.fr/quest-ce-quune-attaque-a-51-double-spending/ ;

Blockchain, a infraestrutura não está mais concentrada no nível de uma organização, mas, ao contrário, está espalhada por todos os pontos da rede. Dessa forma, uma blockchain é autossustentável e independente de serviços de terceiros.

7. Utilidade e potencial da tecnologia blockchain

O Blockchain é uma tecnologia de rápido crescimento com potencial para revolucionar a maneira como as informações são tratadas e trocadas. Isso pode ser explicado contando os pontos fortes dessa tecnologia, ilustrando o potencial de mudança em exemplos setoriais e citando algumas experiências internacionais.

7.1. Os pontos fortes da tecnologia blockchain

Os principais pontos fortes da tecnologia Blockchain estão na construção da confiança e na integração de princípios sólidos para estabelecer uma economia baseada em Blockchain.

7.1.1. Construindo confiança

As blockchains agora são reconhecidas como a "quarta evolução" da computação, a camada de confiança que faltava para a Internet. Esse é um dos motivos pelos quais tantas pessoas se entusiasmaram com o assunto.

Assim que a Internet surgiu, a privacidade e a segurança se tornaram problemas importantes. [28]Na década de 1980, os engenheiros tentaram resolver esses problemas usando criptografia, mas sem sucesso. [29]Na época da crise financeira de 2008, o Bitcoin, uma nova criptomoeda, apareceu em cena. Esse protocolo de troca ponto a ponto, que não é controlado por nenhum país ou entidade e cujo código é livre, tem a capacidade de garantir a integridade dos dados trocados, sem passar por terceiros (bancos ou outros).

---

[28] Tapscott D. e Tapscott A., (2016), "Blockchain Revolution", Penguin Random House LLC (versão 1), página 30

[29] Tapscott D. e Tapscott A., (2016), "Blockchain Revolution", Penguin Random House LLC (versão 1), página 30 E Magnen J. e Fourel C., (2015), "Mission d'étude sur les monnaies locales complémentaires et les systèmes d'échange locaux", relatório, Parte Um, sec.secacess-presse@cabinets.finances.gouv.fr, página 11

O Blockchain funciona porque as pessoas estão dispostas a disponibilizar seus computadores para hospedar parte do protocolo. Portanto, não existe a noção de um servidor central que possa ser hackeado. Além disso, o Blockchain é criptografado, pois se baseia em um conjunto de chaves de acesso públicas e privadas.

Os blockchains podem criar confiança nos dados digitais porque, uma vez que as informações tenham sido gravadas em um banco de dados de blockchain, é quase impossível excluí-las ou modificá-las. Esse recurso nunca existiu antes.

[30]A cada 10 minutos, todas as transações são verificadas e armazenadas em um bloco que se relaciona com o anterior, criando uma cadeia. Portanto, para roubar um Bitcoin, você teria que refazer e reescrever todo o seu histórico no blockchain, à vista de todos.

Potencialmente, com o blockchain, a confiança vem da comunidade, e não de terceiros que certificam a transação. Portanto, quatro princípios devem ser respeitados para criar confiança em um ambiente de negócios: honestidade, empatia, senso de responsabilidade e transparência. Hoje, o Blockchain está nos permitindo visualizar um novo conceito de identidade: em vez de termos uma infinidade de documentos (carteira de motorista, certidão de nascimento etc.), teríamos apenas uma identidade registrada no Blockchain, que forneceria as informações de que precisamos no momento em que precisamos.

7.1.2. Princípios sólidos para uma economia baseada em blockchain

Desde 2008, surgiram vários projetos baseados na tecnologia Blockchain. Cada um deles se baseia em princípios implícitos que esclarecem o que é a tecnologia Blockchain. [31]Há sete princípios para imaginar uma economia baseada em Blockchain:

- **Integridade:** no blockchain, a rede é a garantidora de sua própria integridade, porque o sistema é baseado em trocas transparentes.

---

[30] Tapscott D. e Tapscott A., (2016), "Blockchain Revolution", Penguin Random House LLC (versão 1), página 31

[31] Tapscott D. e Tapscott A., (2016), "Blockchain Revolution", Penguin Random House LLC (versão 1), páginas 47- 66

Por exemplo, no caso do Bitcoin, o sistema marca o Bitcoin gasto e impede que ele seja transferido para outro lugar, evitando assim fraudes. Cada transação é verificada pelos participantes da cadeia, conhecidos como "mineradores", até que se chegue a um consenso sobre sua validade. Para chegar a esse consenso, os mineradores precisam trabalhar arduamente para decifrar um quebra-cabeça matemático que garante a todos os outros que o trabalho foi bem feito e que o bloco analisado pode ser adicionado. Como resultado, os usuários podem confiar na rede em vez de em grandes empresas ou governos.

- **Verificação distribuída:** no nível do blockchain, a tarefa de verificar as transações é compartilhada entre diferentes membros da rede, o que descentraliza o poder e torna impossível atacar todo o sistema. Isso significa que nenhuma conta bancária pode ser congelada ou apreendida.

- **Participação cooperativa:** o terceiro princípio do blockchain é que o valor se torna um incentivo para fazer o sistema funcionar. Com o blockchain, a comunidade tem interesse no funcionamento do sistema. Ao atender a seus próprios interesses, os usuários estão trabalhando para toda a comunidade.

- **Segurança:** a segurança está no centro do funcionamento da rede, pois garante a confidencialidade e a autenticidade das atividades. Logicamente, quanto mais longa for a cadeia de dados, mais segura ela será, pois é mais difícil rastreá-la até sua origem na tentativa de falsificá-la.

- **Controle de dados:** está claro que as pessoas precisam ser capazes de controlar seus dados e que têm direito à privacidade. A tecnologia blockchain oferece a oportunidade de escapar de uma sociedade de vigilância em que todos os nossos dados escapam de nós.

- **Transparência:** em uma solução baseada na tecnologia Blockchain, os direitos de propriedade são transparentes e respeitados: um elemento só é transmitido se pertencer ao seu emissor, e o emissor é o único tomador de decisões quando se trata de emitir dados.

- **Inclusão:** o princípio final da tecnologia blockchain é a inclusão, o que significa que todos devem se beneficiar da forma como o sistema funciona. Ainda hoje, uma parcela significativa da população não tem acesso às tecnologias de informação e comunicação. O Blockchain pretende mudar isso, de modo que um simples telefone possa ser usado para trocar informações: um serviço de micropagamento, por exemplo, permite que você recarregue seu crédito telefônico enviando uma mensagem de texto com um valor em Bitcoin.

7.2. Potencial mobilizado em exemplos setoriais

Vários setores e áreas podem ser afetados por um modelo de gerenciamento inovador que utiliza a tecnologia Blockchain. A modernização pode afetar os serviços financeiros, os métodos de organização empresarial e a forma como as ações e decisões públicas são governadas.

7.2.1. Reinventando os serviços financeiros

Enquanto os serviços financeiros de ontem eram opacos, lentos e hierárquicos, a nova ordem promete ser mais transparente, igualitária, segura e privada. Um dos principais problemas do setor financeiro é que ele é um monopólio por si só, o que permite que os bancos estabeleçam custos de transação muito altos. Portanto, eles não têm motivos para querer mudar ou melhorar o sistema. Com a tecnologia blockchain, podemos renovar as finanças, acabando com a situação de monopólio do setor.

A tecnologia Blockchain permite que duas pessoas que desejam fazer uma transação não precisem de um terceiro de confiança para verificar a identidade da outra, ao mesmo tempo em que reduz os custos de transação arcados pelos bancos tradicionais e aumenta a velocidade das trocas.

Várias propriedades dessa tecnologia podem revolucionar o setor financeiro. A capacidade de fazer identificações seguras, transferir, armazenar, emprestar e trocar títulos, investir, segurar riscos e facilitar controles torna o blockchain um sistema rápido e confiável.

Enquanto os bancos basearam seu modelo em informações assimétricas em relação a seus clientes, a tecnologia Blockchain foi construída com base na transparência. Portanto, foram desenvolvidos blockchains privados. Esses são sistemas em que apenas determinados usuários têm acesso a todas as informações. O problema com esses blockchains restritos é que é mais fácil para um membro alterar as regras sem a concordância de toda a comunidade.

Portanto, é necessário definir padrões comuns para essa nova tecnologia. Isso levanta a questão do papel dos governos. Os governos devem intervir na regulamentação desse setor? No momento, a inovação está avançando em um ritmo que está além de suas possibilidades, mas eles não podem se dar ao luxo de ficar sem supervisão.

Além disso, a contabilidade moderna enfrenta uma série de problemas que essa tecnologia pode resolver. Por um lado, os gerentes sempre juram que suas contas são precisas... Mas, na realidade, às vezes eles estão errados. A tecnologia Blockchain poderia comprovar os erros intencionais dos gerentes. Por outro lado, a tecnologia Blockchain poderia compensar o erro humano, que é onipresente nos problemas contábeis.

Por fim, os métodos contábeis tradicionais não estão adaptados aos novos modelos, como as microtransações. O problema não é com a contabilidade em si, mas com a forma como ela é configurada nas empresas. Além das colunas de débito e crédito do balanço patrimonial, as empresas poderiam adicionar um balancete, que registraria as transações em tempo real. Elas poderiam, então, dar acesso a seus dados a pessoas selecionadas, como acionistas, auditores etc. .... Ao fornecer acesso simplificado para maior integridade do sistema.

Atualmente, os clientes bancários recebem uma pontuação para poderem fazer um empréstimo. Essa pontuação reflete a confiança que o banco deposita em seu cliente, mas geralmente segue critérios muito restritivos que não refletem a real capacidade de pagamento. A tecnologia Blockchain possibilitaria estabelecer um novo padrão de confiança com base na reputação e no compromisso do cliente.

7.2.2. Empresas que estão migrando para novas formas de organização

Graças à tecnologia blockchain, os líderes de amanhã poderão mudar o processo de criação de valor, negociando sem restrições com seus fornecedores, clientes e assim por diante. Mas, apesar dos novos métodos de gerenciamento e do desejo de criar hierarquias horizontais, todas as novas empresas digitais adotaram hierarquias de cima para baixo. Nessas condições, qual seria o objetivo das empresas que ganham dinheiro com a coleta de dados usando essa tecnologia? [32]De acordo com a teoria do economista britânico Ronald Coase, o uso dessa tecnologia reduziria os custos de transação internos e externos. É esse ganho que poderia levar as empresas a mudar radicalmente a forma como estão organizadas.

A tecnologia blockchain também pode revolucionar a forma como os contratos são elaborados, uma vez que os custos envolvidos em sua negociação não são desprezíveis. Por exemplo, essa tecnologia possibilita a criação de "contratos inteligentes", que são ativados quando os signatários cumprem as condições contratuais.

Da mesma forma, o status do contrato pode ser facilmente consultado, para ver se as mercadorias foram enviadas, por exemplo. Os contratos que envolvem várias partes interessadas também podem ser negociados. Cada um dos membros receberá uma chave específica, que será ativada quando a transação for concluída.

Assim, por meio da tecnologia Blockchain, a redistribuição de poder e autoridade e o trabalho baseado em projetos incentivam a inovação, a produtividade e a qualidade das relações com os clientes. A tecnologia Blockchain possibilita a realização de negócios mesmo quando há falta de confiança entre duas partes, pois a integridade de todas as partes é garantida pelo sistema. Como resultado, as empresas terão que redefinir suas áreas de atividade para se concentrar em seu negócio principal.

7.2.3. Novas formas de governança e democracia

A tecnologia blockchain pode melhorar a qualidade do serviço e a eficiência dos governos, promovendo sua integridade e transparência. Todos os dados pessoais seriam armazenados em um blockchain em vez de serem centralizados em diferentes órgãos governamentais. Assim, todos seriam os proprietários plenos de seus dados. Na Estônia, por exemplo, cada cidadão tem uma identidade digital que lhe permite realizar seus procedimentos administrativos on-line e até mesmo votar.

---

[32] Tapscott D. e Tapscott A., (2016), "Blockchain Revolution", Penguin Random House LLC (versão 1), página 139

Essa tecnologia também pode devolver parte do poder de decisão às comunidades locais. A transparência é aumentada porque os fatos podem ser facilmente verificados. Além disso, ao tornar determinados dados públicos, aumentamos a utilidade e a confiança neles. O uso de contratos inteligentes para nossos representantes políticos pode possibilitar o monitoramento de seu poder de agir e tomar decisões, além de garantir que eles respeitem seus compromissos de campanha.

Não devemos, entretanto, tentar substituir a democracia representativa pela tecnologia, mas ela pode ajudar a esboçar os contornos de um novo modelo. A tecnologia blockchain poderia possibilitar o voto seguro e incontestável, criando uma rede na qual os eleitores atribuem seus votos à conta do candidato de sua escolha. Isso significa que os votos não podem mais ser manipulados ou falsificados.

A tecnologia Blockchain também pode ser usada para inventar novos procedimentos. Por exemplo, disputas entre pessoas físicas poderiam ser resolvidas usando o Blockchain, graças às evidências reunidas na rede, que podem ser comparadas com os termos do contrato inteligente. Da mesma forma, a tecnologia poderia revolucionar o sistema jurídico, combinando transparência e participação on-line dos cidadãos. Portanto, devido às suas características, a tecnologia Blockchain pode garantir o desenvolvimento de várias novas ferramentas democráticas.

7.3. Casos de uso da tecnologia blockchain

Atualmente, existem centenas de aplicativos de blockchain. O mundo ficou obcecado com a ideia de transferir dinheiro mais rapidamente, incorporando e direcionando-o em uma rede distribuída e criando aplicativos e hardware seguros.

A maioria dos aplicativos de blockchain lida com a transferência de dinheiro ou outras formas de valor de forma rápida e barata. Isso inclui a negociação de ações em uma empresa pública, o pagamento de funcionários em outros países e a troca de uma moeda por outra.

As blockchains também estão sendo usadas como parte de uma pilha de segurança de software. [33]O Departamento de Segurança Interna dos EUA está estudando o software blockchain para proteger dispositivos da Internet das Coisas (IoT). O mundo da Internet das Coisas (IoT) oferece as maiores vantagens, pois é particularmente vulnerável ao roubo de identidade e a outras formas de pirataria. Os dispositivos de IoT também se tornaram mais difundidos, e a segurança se tornou mais dependente deles. Sistemas hospitalares, carros autônomos e sistemas de segurança são exemplos perfeitos.

As DAOs ou "organizações autônomas descentralizadas" são outra inovação interessante da tecnologia Blockchain. Esse tipo de aplicativo Blockchain representa uma nova maneira de organizar e incorporar negócios on-line. As DAOs têm sido usadas para organizar e investir fundos por meio da rede Ethereum.

Os projetos de maior escala que estão sendo explorados por meio da tecnologia Blockchain agora incluem sistemas de registro de terras apoiados pelo governo, identidade e aplicativos de segurança de viagens internacionais.

[34]Países como o Reino Unido, Cingapura e os Emirados Árabes Unidos veem o blockchain como uma forma de reduzir custos, criar novos instrumentos financeiros e manter registros limpos. Eles têm investimentos e iniciativas ativas que exploram a blockchain.

As implicações sociais e econômicas dos aplicativos Blockchain podem ser emocional e politicamente polarizadoras, já que a tecnologia Blockchain mudará a forma como estruturamos transações baseadas em valores e na sociedade.

[35]A tecnologia Blockchain percorreu um longo caminho desde que se tornou de conhecimento público devido a um número significativo de

---

[33] Labrot É. e Ségur P., (2011), "Un monde sous surveillance?", © Presses universitaires de Perpignan, páginas 227-241 ;

[34] Laurence T., (2017), "Blockchain for Dummies", John Wiley & Sons, Inc, Hoboken, Nova Jersey, páginas 164-166

[35] Laurence T., (2017), "Blockchain for Dummies", John Wiley & Sons, Inc, Hoboken, Nova Jersey, página 163

notícias em 2015. Desde então, muitas startups têm trabalhado em versões beta e pré-lançamento, com quase 2.000 novas startups de blockchain formadas em 2016. Muitas delas estão finalmente sendo comercializadas em 2017 e ainda serão em 2018 em Cingapura, Dubai e Londres, onde os reguladores estão saudando a inovação e competindo para se tornar a potência financeira do mundo.

7.3.1. Progresso no Reino Unido

[36]Em 2016, o governo central do Reino Unido publicou um relatório intitulado "Distributed Ledger Technology: beyond block chain" (Tecnologia de livro-razão distribuído: além da cadeia de blocos), que afirmava que a tecnologia de livro-razão distribuído (Blockchains) poderia ser usada para reduzir a corrupção, os erros e as fraudes e tornar diferentes processos mais eficientes.

Eles também disseram que a tecnologia Blockchain poderia mudar o relacionamento dos cidadãos com seu governo, trazendo mais transparência e confiabilidade. Mas Londres tem sido muito amigável com a tecnologia desde pelo menos 2014. Muitas start-ups de blockchain foram incorporadas ou trabalharam em Londres porque era o lugar não oficialmente mais seguro para estabelecer negócios. Na época, foi um grande problema porque muitos empreendedores de criptomoedas foram presos em 2014 e 2015.

Desde que esse relatório foi publicado, as blockchains foram aprovadas para aplicações governamentais no Reino Unido, incluindo departamentos de Whitehall (departamentos não oficiais, como Land Registry, Forestry Commission e Food Standards), autoridades locais e governos descentralizados. Portanto, aqui estão vários projetos e experimentos interessantes em andamento no Reino Unido:

✓ **Distribuição de assistência social por meio da tecnologia blockchain**: o Department for Work and Pensions se uniu ao Barclays, RWE, GovCoin e à Universidade de Londres em um experimento que usará a tecnologia blockchain para distribuir assistência social com um aplicativo de telefone. O teste foi projetado para verificar se os

---

[36] Conselheiro Científico Chefe do Governo do Reino Unido, (2016), "Distributed Ledger Technology: beyond block chain", Open Government Licence © Crown copyright, 87 p., disponível em https://goo.gl/asIz6L

pagamentos poderiam ser enviados e rastreados usando essa tecnologia.

✓ **DLT**: Credits, um provedor de plataforma baseada em Blockchain, e o governo do Reino Unido estão colaborando em uma estrutura que permite que as agências governamentais do Reino Unido façam experiências com a tecnologia Blockchain. (DLT significa tecnologia de registro distribuído).

✓ **Pagamentos internacionais baseados na tecnologia Blockchain**: o banco Santander lançou um teste de pagamentos internacionais baseados na tecnologia Blockchain. Os funcionários/colaboradores no esquema piloto envolvem um aplicativo que se conecta ao Apple Pay. Os usuários podem usar o Touch ID para transferir pagamentos entre £10 e £10.000.

✓ **Uso da tecnologia Blockchain para comercializar ouro:** a Royal Mint se uniu ao CME Group, um operador de mercado, para usar a tecnologia Blockchain para criar um mercado de ouro, na esperança de tornar Londres uma cidade mais atraente para a venda de ouro. A tecnologia está sendo adotada por ambas as entidades, pois elas a veem como um mecanismo digital eficiente para o comércio de ouro.

7.3.2. A experiência de Cingapura

Cingapura, assim como o Reino Unido, está experimentando a tecnologia blockchain para torná-la mais atraente financeiramente e mais fácil de trabalhar.

[37]A Autoridade Monetária de Cingapura (MAS) publicou suas diretrizes para uma "sandbox regulatória" em 2016 para incentivar e permitir a experimentação de soluções que usam a tecnologia de forma inovadora para produtos ou serviços financeiros. O termo sandbox significa um ambiente seguro onde os desenvolvedores podem criar software.

---

[37] "MAS Issues "Regulatory Sandbox" Guidelines for FinTech Experiments", disponível em https://www.mas.gov.sg/news/media-releases/2016/mas-issues-regulatory-sandbox-guidelines-for-fintech-experiments;

Cingapura está tomando medidas para explorar a tecnologia blockchain, e isso está valendo a pena. Um banco de Cingapura, o OCBC, tem usado a tecnologia para transferências internacionais. Ele enviou dinheiro para suas subsidiárias, OCBC Malaysia e Bank of Singapore.

O banco central de Cingapura também lançou um projeto piloto, com oito bancos estrangeiros e locais e a bolsa de valores. Esse projeto de prova de conceito visa usar a tecnologia Blockchain para seus pagamentos interbancários. O projeto piloto também visa examinar as transações monetárias internacionais.

Não são apenas as empresas de blockchain que farão experiências em Cingapura. [38]Todos os principais participantes estão envolvidos, incluindo o Bank of America, Merrill Lynch, IBM, Credit Suisse, Bank of Tokyo-Mitsubishi UFJ Ltd, DBS Bank Ltd, JP Morgan, Hong Kong and Shanghai Banking Corp Ltd, OCBC Bank, United Overseas Bank e a Bolsa de Valores de Cingapura.

Cingapura já tem um sistema de identidade digital robusto e moderno que poderia ser facilmente conectado a um blockchain.

7.3.3. A iniciativa Dubai 2020

[39]O governo de Dubai estabeleceu um plano ambicioso para transferir todos os documentos e sistemas governamentais por meio da tecnologia Blockchain. O programa de desmaterialização faz parte de sua iniciativa de se tornar um líder mundial nessa tecnologia e aumentar a eficiência em todos os setores.

O novo sistema permitirá que os usuários atualizem e verifiquem suas credenciais por meio do blockchain. Eles só precisarão fazer login com suas credenciais uma vez para obter acesso a entidades governamentais e privadas, como seguradoras e bancos. Eles também planejam compartilhar sua tecnologia com outros países para simplificar as travessias de fronteira.

---

[38] "MAS, R3 and Financial Institutions experimenting with Blockchain Technology", disponível em https://www.mas.gov.sg/news/media-releases/2016/mas-experimenting-with-blockchain-technology ;

[39] Smart Dubai Office, (2017), "Dubai -the first city on the Blockchain", estudo de caso© Smart Dubai, 19 p.

Em vez de passaportes, os viajantes poderiam usar carteiras digitais pré-autenticadas, bem como identificação pré-aprovada. O governo de Dubai estimou que sua iniciativa de adotar a tecnologia Blockchain tem o potencial de economizar 25,1 milhões de horas de produtividade. Essa maior eficiência também reduzirá as emissões de carbono.

[40]No mesmo conceito, o Dubai General Blockchain Council ou Global Blockchain Council (GBC) anunciou sete novas colaborações público-privadas, combinando as habilidades e os recursos de startups, empresas locais e departamentos governamentais. Elas aplicarão a tecnologia Blockchain nos seguintes aspectos:

✓ **Saúde**: a empresa de software estoniana Guardtime trabalhará com uma das maiores operadoras de telecomunicações de Dubai, a Du, para fornecer o conhecimento tecnológico necessário para digitalizar os registros de saúde e transferi-los para o blockchain.

✓ **Transferências de títulos:** as transferências de títulos serão digitalizadas e registradas em uma Blockchain. Uma start-up de blockchain de Cingapura conhecida como "Dxmarkets" desenvolveu uma prova de conceito.

✓ **Registro de empresas:** o GBC está experimentando o uso da tecnologia Blockchain para o registro de empresas. Isso é diferente da Organização Autônoma Descentralizada (DAO) da Ethereum, mas poderia simplificar a verificação de identidade por meio do programa FlexiDesk. Atualmente, está em fase de demonstração, com várias entidades trabalhando em uma prova de conceito.

✓ **Turismo:** "Dubai Points" é um programa piloto lançado em colaboração com a Loyyal, usando a tecnologia Blockchain para ajudar o setor de turismo. Seu objetivo é incentivar as viagens concedendo pontos aos viajantes que visitam determinados locais. Ele usará contratos inteligentes para facilitar os prêmios. Esses pontos funcionam como um token de criptografia e podem ser resgatados.

---

[40] "Dubai's Global Blockchain Council Announces Seven Pilot Projects" (Conselho Global de Blockchain de Dubai anuncia sete projetos-piloto), disponível em https://www.the-blockchain.com/2016/06/12/dubais-global-blockchain-council-announces-seven-pilot-projects-welcomes-new-members/;

✓ **Remessa:** a IBM está trabalhando com o GBC para usar a tecnologia blockchain para melhorar a remessa e a logística. O programa tem como objetivo ajudar os participantes regionais a colaborar na forma como comercializam mercadorias. Os contratos inteligentes serão usados como soluções para problemas de conformidade e liquidação.

✓ **Comércio de diamantes:** um projeto piloto usará a tecnologia Blockchain para autenticar e transferir diamantes. O Dubai Multi Commodities Center digitalizará os Certificados Kimberly, um sistema de certificação para o comércio internacional de diamantes brutos criado pela ONU para restringir o comércio de diamantes de conflito.

Por outro lado, os fornecedores de soluções de TI, como HPE, IBM, Microsoft e SAP, agora estão oferecendo um novo tipo de serviço baseado em blockchain. Trata-se do "Blockchain como serviço (BaaS)", uma solução que permite a implantação de aplicativos baseados em blockchain sem a necessidade de investir em uma nova infraestrutura ou recorrer a especialistas em blockchain, que estão em falta no mercado de trabalho. A Tabela 2 mostra uma comparação das ofertas de serviços baseados em blockchain existentes.

Editor / solução	Ano de lançamento	Plataformas suportadas	Modelo de precificação	Referências
HPE	Início de 2018	R3 Corda		
IBM / IBM Blockchain	Fevereiro de 2016	Hyperledger Fabric versão 1.0	752 euros por mês	Bank of Tokyo, Mitsubishi UFJ, Northern Trust
Microsoft / Blockchain no Azure	Novembro de 2015	Ethereum, Hyperledger Fabric, R3 Corda, Chain Core...	Vinculado ao consumo de serviços de armazenamento, computação e nuvem	
SAP / Leonardo Blockchain	Maio de 2017	Programa Leonardo		

Tabela 2Comparação das ofertas de blockchain como serviço[41]

A Microsoft foi a primeira a oferecer um serviço de blockchain dedicado por meio de sua nuvem Azure. Essa oferta é adaptada a uma ampla gama de plataformas de registros distribuídos, como Ethereum, Hyperledger Fabric....

A IBM afirma ser o fornecedor com a solução de BaaS mais abrangente. [42]Sua oferta é baseada em um projeto de código aberto da Linux Foundation chamado Hyperledger Fabric. Com essa escolha, a IBM está se concentrando em redes business-to-business capazes de lidar com até mil transações por segundo.

Outros participantes, como a HPE (Hewlett-Packard Enterprise) e a SAP (Systems Applications and Products in Data Processing), também iniciaram projetos nessa área. O objetivo é criar um registro descentralizado para simplificar o gerenciamento de transações complexas entre vários participantes.

No entanto, a ideia de centralizar um blockchain em um único provedor de serviços prejudica a ideia principal por trás da tecnologia blockchain, que é o desenvolvimento de uma plataforma descentralizada sem terceiros confiáveis.

8. Oportunidades e desafios da tecnologia blockchain

Conforme discutido nas seções anteriores, muitos casos de uso que utilizam a tecnologia Blockchain foram propostos, criados e testados. A melhor maneira de discutir a eficácia de um aplicativo ou tecnologia é entender suas oportunidades e desafios.

8.1. Oportunidades da tecnologia blockchain

---

[41] "Blockchain as a Service: which solution should you choose to get started?", disponível em https://www.journaldunet.com/solutions/cloud-computing/1206955-blockchain-as-a-service-quelle-solution-choisir/;

[42] "Hyperledger Fabric", disponível em https://www.hyperledger.org/projects/fabric;

Quando os dados são permanentes e confiáveis em um formato digital, é possível realizar transações on-line de uma forma que, no passado, só era possível off-line. Tudo o que antes permanecia analógico, incluindo direitos de propriedade e identidade, agora pode ser criado e mantido on-line. Processos comerciais e bancários lentos, como transferências de fundos e liquidações, agora podem ser realizados quase instantaneamente. As implicações dos registros digitais seguros são enormes para a economia global.

Os primeiros aplicativos criados foram projetados para aproveitar a transferência segura de valor digital que as blockchains permitem trocar com seus tokens nativos. Isso incluía coisas como a transferência de dinheiro e ativos. Mas as possibilidades das redes Blockchain vão muito além da movimentação de valor.

Os aplicativos de blockchain são criados com base na ideia de que a rede é o árbitro. Nesse tipo de sistema, o código do computador torna-se lei e as regras são executadas conforme escritas e interpretadas pela rede. Os computadores não têm os mesmos preconceitos e comportamento social que os humanos. Portanto, a rede não pode interpretar a intenção (pelo menos não ainda). Os contratos de seguro arbitrados em um blockchain têm sido amplamente estudados como um caso de uso construído em torno dessa ideia.

Outra coisa interessante que as blockchains permitem é a manutenção de registros impecáveis. Elas podem ser usadas para criar uma cronologia clara de quem fez o quê e quando. Muitos setores e órgãos reguladores gastam inúmeras horas tentando avaliar esse problema. A manutenção de registros por meio da tecnologia Blockchain aliviará alguns dos fardos que são criados quando tentamos interpretar o passado.

Além disso, a natureza descentralizada dessa tecnologia, aliada à sua segurança e transparência, tem o potencial de substituir instituições e promete aplicações que vão além da esfera monetária. [43]Podemos distinguir três categorias:

---

[43] "What is blockchain?", https://blockchainfrance.net/decouvrir-la-blockchain/c-est-quoi-la-blockchain/; acessado em 04 de novembro de 2017

- Pedidos de transferência de ativos (dinheiro, títulos, votos, ações, títulos, etc.)
- Aplicativos de blockchain como um registro para garantir melhor rastreabilidade de produtos e ativos.
- Contratos inteligentes, que são programas autônomos que executam automaticamente os termos e as condições de um contrato, sem a necessidade de intervenção humana, uma vez que tenham sido iniciados.

As oportunidades oferecidas pela tecnologia blockchain estão ligadas principalmente aos aspectos tecnológicos apresentados nas seções anteriores. Ao eliminar os intermediários, o custo das transferências de dinheiro pode ser reduzido, por exemplo, as comissões bancárias deixam de existir. As transferências também podem ser feitas mais rapidamente, pois as criptomoedas são movidas diretamente de um endereço de carteira para outro sem nenhuma etapa intermediária.

Os contratos inteligentes oferecem um alto grau de automação. A transparência também é garantida, pois a tecnologia Blockchain pode ser acessada por todos os membros da rede. Além disso, como qualquer pessoa pode escrever no registro, a tecnologia Blockchain pode se tornar o repositório de uma enorme quantidade de informações que podem ser usadas para análise de dados em diferentes setores (seguros, finanças, medicina, educação etc.). O mecanismo criptográfico subjacente garante que os dados não sejam alterados e que as transações não possam ser repudiadas. Por fim, a replicação do blockchain em cada nó da rede garante que o blockchain sobreviverá a eventos inesperados.

Além disso, outras oportunidades podem estar ligadas à capacidade do mercado ou da administração pública de adotar ou não a tecnologia. Atualmente, a interação com a tecnologia Blockchain exige certas habilidades técnicas, como o domínio do conceito de blocos.... Mas vários esforços estão sendo feitos para reduzir ou ocultar a complexidade dessa tecnologia. As empresas ou start-ups que fornecem aplicativos e serviços baseados na tecnologia Blockchain podem ter uma vantagem competitiva. Essa vantagem se tornaria mais importante à medida que a IoT se tornasse mais difundida.

Outra oportunidade está ligada à possibilidade de abordar novos mercados ou setores e criar novos tipos de serviços, como DAOs. Dessa forma, a tecnologia blockchain poderia ser usada com sucesso para apoiar a economia compartilhada.

Por outro lado, se um grande número de jogadores gravar dados no Blockchain, poderão surgir inúmeros novos aplicativos. Por exemplo, o histórico médico de uma pessoa poderia ser facilmente recuperado pelos médicos em uma emergência; na verdade, a tecnologia Blockchain poderia se tornar um repositório de dados médicos que poderia ser usado por pesquisadores científicos;

Além disso, as cadeias de suprimentos baseadas em blockchain poderiam ser mais eficientes porque os dados poderiam ser compartilhados quase instantaneamente entre participantes heterogêneos; assim, no caso de um cenário de seguros, por exemplo, os dados poderiam ser usados para prevenção de fraudes, personalização de apólices etc. No entanto, o tipo e o impacto desses aplicativos dependeriam da quantidade e da qualidade das informações registradas.

No entanto, essas promessas não estão isentas de desafios, sejam eles econômicos, legais, de governança ou ecológicos...

8.2. Os desafios da implementação da tecnologia Blockchain

Os maiores desafios na implementação da tecnologia blockchain estão relacionados à escalabilidade, ao consumo de energia e ao desempenho. Atualmente, o número de transações que podem ser processadas por segundo é extremamente baixo em comparação com os sistemas tradicionais, principalmente devido ao poder de computação necessário para validar novos blocos. A esse respeito, é importante observar que algumas plataformas baseadas na tecnologia Blockchain alteram o processo de validação de blocos, reduzindo a complexidade do problema matemático a ser resolvido e limitando a possibilidade de exploração a apenas um subconjunto de nós aprovados.

Além do contexto de tempo, o espaço também é um problema, pois os dados são replicados em cada nó da rede. Como resultado, a quantidade de energia consumida pelos nós da rede é enorme e o custo do hardware necessário para validar novos blocos é extremamente alto. [44][45]Por

---

[44] "Estatísticas de criptomoedas, disponíveis em https://bitinfocharts.com/;

[45] "Let's quit the blockchain magic talk", disponível em https://www.zdnet.com/article/lets-quit-the-blockchain-magic-talk/ ;

exemplo, o blockchain do Bitcoin requer mais de 170 GB de armazenamento em cada nó da rede, o que, segundo estimativas, custa cerca de US$ 6 por transação.

Por outro lado, o fato de as informações codificadas no blockchain serem imutáveis e acessíveis a todos é outro ponto fraco que pode prejudicar a privacidade dos usuários. Por exemplo, qualquer pessoa pode verificar quanto dinheiro uma pessoa tem analisando suas transações de entrada. Se outros tipos de informações forem armazenados no blockchain, como registros médicos, esse problema se tornará ainda mais relevante. Para resolver as preocupações com a privacidade, algumas soluções foram propostas para tornar anônimos os pagamentos ou as transações.

A imutabilidade e a autoexecução do código podem ser outro desafio para a tecnologia blockchain. [46]De fato, os contratos inteligentes podem se tornar fáceis de interceptar e modificar por hackers. De fato, os hackers poderiam explorar bugs em contratos inteligentes para roubar dinheiro, como foi o caso do ataque mais famoso desse tipo na rede Ethereum, em que cerca de US$ 50 milhões foram roubados em junho de 2016.

Além disso, mesmo se presumirmos que os contratos inteligentes não têm bugs, alguns aplicativos ainda precisarão de oráculos externos para injetar informações no Blockchain. [47]De fato, "o oráculo é um serviço responsável por inserir manualmente dados externos no Blockchain". Portanto, nesse caso, o ponto mais fraco seria o oráculo. Para remediar as consequências da injeção de informações errôneas em um sistema baseado em Blockchain, poderíamos contar com mais de um oráculo, cada um obtendo informações de fontes diferentes. [48]Cada oráculo precisa provar seu método de coleta de informações, seja usando um serviço

---

[46] "What is a DAO", disponível em https://blockchainfrance.net/2016/05/12/qu-est-ce-qu-une-dao/; e "The DAU: a hacker steals $50 million, the counter-attack is on", disponível em https://www.nextinpact.com/news/100336-the-dao-pirate-derobe-50-millions-dollars-contre-attaque-se-prepare.htm;

[47] "Oracles, the link between blockchain and the world", disponível em https://www.ethereum-france.com/les-oracles-lien-entre-la-blockchain-et-le-monde/ ;

[48] "Oracles, the link between blockchain and the world", disponível em https://www.ethereum-france.com/les-oracles-lien-entre-la-blockchain-et-le-monde/ ;

comprovadamente honesto ou usando um oráculo baseado em consenso no processo de coleta e envio de informações.

Além disso, é possível identificar outros desafios que afetam a usabilidade das blockchains. Em primeiro lugar, a impossibilidade de receber assistência se as credenciais forem perdidas. Esse ponto fraco pode ser parcialmente eliminado com a dependência de serviços confiáveis.

Outro desafio é que as ferramentas de desenvolvimento ainda estão em um estágio inicial e os padrões para o desenvolvimento de aplicativos baseados na tecnologia Blockchain ainda não foram definidos. [49]Por fim, é interessante observar que, em alguns casos, o Blockchain pode não ser a tecnologia mais adequada, pois alternativas existentes e bem dominadas alcançariam resultados comparáveis.

Outros desafios estão ligados a várias causas externas. Há sempre o risco de que determinados participantes públicos ou privados desconfiem dessa tecnologia, considerando-a insegura ou não confiável, por causa de bugs, por exemplo... Outros participantes podem achar que ela é muito complicada e que a taxa de adoção em escala global pode ser baixa.

Deve-se dar atenção especial às questões relacionadas às regulamentações legais, que podem ameaçar a adoção da tecnologia blockchain, como a legalidade dos contratos inteligentes ou a divulgação de dados pessoais. Por exemplo, a estrutura regulatória ainda não está pronta para proteger as transações do sistema.

Além disso, os aplicativos baseados na tecnologia blockchain representam um investimento de médio a longo prazo e não podem ser integrados a todos os processos existentes.

Por fim, pode haver uma relutância por parte dos indivíduos em adotar essa tecnologia, pois eles ainda podem considerar a interação pessoal importante. Portanto, uma política de comunicação deve acompanhar qualquer mudança baseada nessa tecnologia.

---

[49] "Do You Need a Blockchain?", disponível em https://spectrum.ieee.org/computing/networks/do-you-need-a-blockchain ;

Conclusão

Neste capítulo, foi apresentada uma visão geral da tecnologia blockchain, bem como os possíveis aplicativos e casos de uso dessa tecnologia. As oportunidades e os desafios dessa tecnologia também foram discutidos.

A tecnologia Blockchain está recebendo cada vez mais atenção da pesquisa, do setor e dos governos, e é vista como uma tecnologia revolucionária. No entanto, o principal problema relatado por vários participantes públicos e privados é a falta de uma avaliação objetiva para decidir se devem ou não investir nessa tecnologia. Na verdade, o risco está no fato de uma parte interessada decidir adotar a tecnologia Blockchain porque ela é a tendência, sem considerar se ela está madura o suficiente para ser adotada nas atividades cotidianas e por um público mais amplo. Por esse motivo, nas seções a seguir, tentaremos enquadrar essa tecnologia no contexto tunisiano.

Chapitre II. Blockchain e serviços on-line

Introdução

Neste capítulo, tentamos apresentar, por um lado, o acoplamento entre o governo eletrônico e a tecnologia Blockchain de forma global (1) e, por outro lado, entre essa última e os serviços públicos tunisianos (2). A segunda seção analisa as diretrizes que algumas autoridades públicas tunisianas adotaram (3). Em seguida, analisamos a experiência do Tunisian Post no desenvolvimento da administração digital usando a tecnologia blockchain (4). Por fim, todos os tópicos discutidos ajudarão a enquadrar as escolhas tecnológicas para desenvolver as possibilidades e o potencial de integração dessa tecnologia nos serviços públicos da Tunísia (5).

1. Tecnologia blockchain e administração eletrônica

Esta seção se concentrará nos desafios do governo eletrônico (1.1) e sua relação com a administração pública (1.2).

1.1.Os desafios da administração eletrônica

[50]O governo eletrônico, ou e-government em inglês, é o surgimento de um novo canal de comunicação, apoiado pelas TICs, com serviços aprimorados e maior transparência. [51]O conceito começou a surgir na década de 1980, com uma ampla reforma realizada pelos governos dos países ocidentais, países europeus e órgãos internacionais, como a OCDE.

O objetivo da administração eletrônica é responder à disseminação de uma sociedade da informação que está desenvolvendo novas

---

[50] Departamento de Assuntos Econômicos e Sociais das Nações Unidas, (2014), "United Nations E-Government Survey 2014", Copyright © United Nations, página 2

[51] Gauche K. e Taddei R., (2011), "Enjeux et services de l'administration électronique locale. Etude de cas", Nouveaux usages de l'internet dans les collectivités territoriales, IAE NICE, França. 19 p.

necessidades por parte dos cidadãos, como acessibilidade, velocidade e simplificação dos procedimentos.

Na França, por exemplo, o governo eletrônico tornou-se um elemento central da política pública, com um número cada vez maior de programas de modernização, como o portal "service-public.fr", que visa melhorar a qualidade e a eficiência dos procedimentos administrativos e dos serviços prestados aos cidadãos.

Por sua vez, o Canadá é um dos países mais avançados em termos de administração eletrônica, com um único portal contendo mais de cento e trinta e cinco serviços administrativos acessíveis on-line, o equivalente a oito milhões de formulários em papel.

[52]Há quatro estágios na desmaterialização de informações ou transações. O primeiro estágio envolve a colocação de informações on-line para fins de consulta. O segundo estágio envolve o download de um formulário para impressão, sem a opção de preenchê-lo on-line. O terceiro estágio envolve o envio de um formulário que trata de uma solicitação ou declaração on-line. E, finalmente, o quarto estágio é caracterizado pela desmaterialização completa, por meio da aquisição de uma conta e de um espaço de monitoramento pessoal.

Para os usuários, o governo eletrônico deve tornar os serviços administrativos mais ágeis, reduzir os custos dos serviços e melhorar a qualidade. [53]Isso pode ser traduzido em quatro critérios: simplicidade, acesso a serviços globais por meio do incentivo à colaboração entre os vários componentes administrativos que atualmente são compartimentados e burocratizados, acesso multicanal por meio de várias ferramentas e criação de novos serviços baseados em vários dados, como dados geolocalizados.

Dessa forma, a administração eletrônica está criando uma nova relação entre o Estado, suas estruturas administrativas e os cidadãos. Entretanto, a integração do cidadão como colaborador é essencial para

---

[52] Departamento de Assuntos Econômicos e Sociais das Nações Unidas, (2014), "United Nations E-Government Survey 2014", Copyright © United Nations, página 195

[53] Gauche K. e Taddei R., (2011), "Enjeux et services de l'administration électronique locale. Etude de cas", Nouveaux usages de l'internet dans les collectivités territoriales, IAE NICE, França. 19 p.

propagar a noção de inovação colaborativa aberta e acelerar a modernização desejada. Além disso, a abordagem de dados abertos adotada pela administração pública é uma ferramenta importante para promover a noção de proximidade com os cidadãos, facilitando o conhecimento e o acesso a seus próprios dados ou a outros dados que englobem seu ambiente e sua vida cotidiana.

Como resultado, a administração eletrônica é um fator na evolução da cultura administrativa para a renovação do relacionamento entre o Estado e seus cidadãos, introduzindo novos parâmetros relacionais de proximidade e capacidade de resposta.

Mas a digitalização dos serviços administrativos apresenta vários desafios, como a existência de inúmeras regras operacionais, a diversificação da quantidade e da qualidade dos dados manipulados por esses serviços e a segurança associada. Para que isso aconteça, o Estado precisa chegar a um consenso entre os vários participantes do ecossistema administrativo para superar essa complexidade técnica, além das questões políticas sempre presentes.

O progresso da administração eletrônica também depende da capacidade do Estado de reduzir a lacuna em termos de exclusão digital entre as diversas regiões que o compõem. Assim, o processamento de dados públicos requer reflexão coletiva e tratamento jurídico para garantir a sustentabilidade de qualquer solução técnica adotada.

[54]A administração eletrônica promove a democracia eletrônica por meio de discussões e reflexões sobre as questões frequentes no centro da administração eletrônica, como a segurança das trocas, os dados abertos, a proteção de dados pessoais e a soberania digital do Estado.

[55] A implantação de serviços on-line e a subsequente construção de uma administração on-line podem ser realizadas em vários estágios, desde a colocação de informações on-line, passando pela colocação de

---

[54] Brown D., (2005), "Le gouvernement électronique et l'administration publique", Revue Internationale des Sciences Administratives (Vol. 71), @ I.I.S.A., pp. 251-266, disponível em https://www.cairn.info/revue-internationale-des-sciences-administratives-2005-2-page-251.htm

[55] Oberdorff H., (2006), "L'administration électronique ou l'e-administration", In: Recherches et Prévisions, n°86, La nouvelle administration. L'information numérique au service du citoyen, p. 9-18; disponível em http://www.persee.fr/doc/caf_1149-1590_2006_num_86_1_2247

formulários on-line, até chegar à generalização de uma oferta de serviços remotos. Essa implantação promove a construção de uma base comum de aplicativos compartilhados que ajudará a acelerar a transformação digital, especialmente em nível local, além de garantir a governança compartilhada entre o Estado e suas autoridades locais, promovendo uma abordagem global para o gerenciamento de dados a serviço de políticas de interesse geral em nível local, regional e nacional.

1.2. A relação entre o governo eletrônico e a tecnologia blockchain

[56]O governo eletrônico é uma área de mudanças significativas por meio da inovação e do desenvolvimento contínuo. Ele varia de acordo com o regime institucional aplicado, a natureza da atividade governamental, os objetivos que os governos buscam alcançar e as ferramentas específicas que são criadas e implantadas. O acoplamento entre o governo eletrônico e a tecnologia Blockchain permitiria que a administração pública fosse reposicionada em torno de vários princípios, como:

- Serviço centrado no cidadão: a tecnologia Blockchain possibilitaria o aprimoramento de um princípio fundamental do governo eletrônico, que é a prestação de serviços centrada no cidadão. De fato, por meio desse princípio, a criação de serviços públicos deve se basear no objetivo geral de atender às necessidades dos cidadãos. Isso incentivaria o surgimento da noção de autoatendimento, em que o cidadão poderia realizar um grande número de tarefas administrativas por meio dos vários canais de comunicação existentes entre a administração e seu público.

- Informações como um recurso público: a tecnologia blockchain reforçaria o valor crucial das informações coletadas ou produzidas em um governo eletrônico. De fato, a informação é considerada um recurso fundamental para que a administração garanta a sustentabilidade de suas ações e intervenções junto ao cidadão. Portanto, estamos diante de um banco de informações administrativas que engloba vários processos, como coleta,

---

[56] Henman P., (2010), "Governing Electronically: E-Government and the Reconfiguration of Public Administration, Policy and Power", publicado pela primeira vez pela Palgrave Macmillan, 280 p.

produção, uso, armazenamento, extração, processamento, disseminação, proteção e exclusão, e que exige uma legislação clara e instituições dedicadas.

- Renovação relacional: a tecnologia Blockchain incentivaria o trabalho em rede. Esse método de trabalho é baseado na colaboração e no compartilhamento de informações entre gerentes e funcionários públicos em departamentos administrativos, bem como entre cidadãos. Isso proporcionaria novos mecanismos de gerenciamento relacional que vão além da divisão vertical burocrática do trabalho. Além disso, o Estado e suas estruturas administrativas precisam desenvolver parcerias com o setor privado nacional e multinacional, que tem experiência em inovação e criação de riqueza usando essa nova tecnologia.

Concluindo, o governo eletrônico, aliado à tecnologia blockchain, pode mudar os modelos de responsabilidade e gestão do governo tradicional, influenciando seu papel na promoção do desenvolvimento econômico e da coesão social, seu relacionamento com seus constituintes, sua organização interna e seu relacionamento com o ambiente externo nacional e internacional.

2. Tecnologia blockchain e serviços on-line na Tunísia

Modernizar e consolidar a governança nas estruturas públicas é atualmente um grande desafio para o nosso país, dada a aceleração das mudanças políticas e sociais, a globalização do comércio e o desenvolvimento de novas tecnologias de informação.

Como resultado, a Tunísia começou a perceber que a tecnologia blockchain pode ser usada para uma série de tarefas, incluindo o fornecimento de formas inovadoras de interação com os cidadãos e o desenvolvimento de serviços públicos digitais.

Renovar o serviço público e direcioná-lo para o desempenho e a qualidade do serviço para os usuários exige mudanças profundas que podem ser alcançadas com o acoplamento da tecnologia Blockchain, que é o que é discutido nesta seção.

2.1.A administração eletrônica como um grande desafio para os serviços públicos

Na sociedade da informação, as necessidades, os usos e os padrões de qualidade dos usuários evoluíram. Diante dessas mudanças, e como o setor privado se desenvolveu consideravelmente para responder a essas novas tendências, as administrações públicas e as autoridades locais são obrigadas a fazer o máximo que puderem para acompanhar o movimento e satisfazer os cidadãos. Para isso, a administração eletrônica ou e-administração deve estar no centro de suas preocupações.

O desafio é explorar as oportunidades tecnológicas para garantir um relacionamento próximo, aumentar a eficácia das ações propostas pelas diversas estruturas estatais e melhorar a qualidade do serviço público.

Em um contexto caracterizado por grandes mudanças políticas, sociais e econômicas, a Tunísia está ciente dos desafios que o governo eletrônico pode trazer. [57]Para isso, em 2018, a Tunísia definiu uma estratégia de governo eletrônico chamada "SmartGOV 2020", que se baseia em uma grande prioridade: tornar-se uma referência digital global e, ao mesmo tempo, fazer da TIC uma importante alavanca para aumentar o desenvolvimento socioeconômico. O objetivo é melhorar o desenvolvimento do governo eletrônico como parte de uma estratégia geral para reformar e modernizar os recursos organizacionais, jurídicos, tecnológicos e humanos do governo.

[58]Em uma entrevista em dezembro de 2017, Abdelkader Labaoui, diretor geral da Escola Nacional de Finanças, disse que o governo eletrônico possibilitará a obtenção de receitas financeiras de até 62 bilhões de dinares em um período estimado entre 10 e 15 anos. De acordo com Labaoui, esse valor é equivalente a 50% do PIB da Tunísia.

A administração eletrônica certamente permite estabelecer novas perspectivas, melhorar a transparência das ações e reunir melhor as

---

[57] "General presentation of e-strategy" (Apresentação geral da estratégia eletrônica), disponível em http://fr.tunisie.gov.tn/; consultado em 13 de agosto de 2018.

[58] "L'administration électronique permettra de mobiliser 60 milliards de dinars", disponível em https://www.leconomistemaghrebin.com/2017/12/28/administration-electronique/; acessado em 13 de agosto de 2018

necessidades e os perfis personalizados dos usuários; além disso, disponibiliza serviços personalizados, possibilitando segmentar melhor a oferta aos usuários, conforme ilustrado na figura 3, e facilitar seu acesso aos serviços públicos. Portanto, é essencial desenvolver uma oferta relevante para fornecer a qualquer usuário um serviço público de alta qualidade, moderno e de fácil compreensão a um custo menor. Isso pode ser alcançado com a adoção de uma abordagem mais centrada no cidadão e com a inclusão de novas tecnologias, como o blockchain.

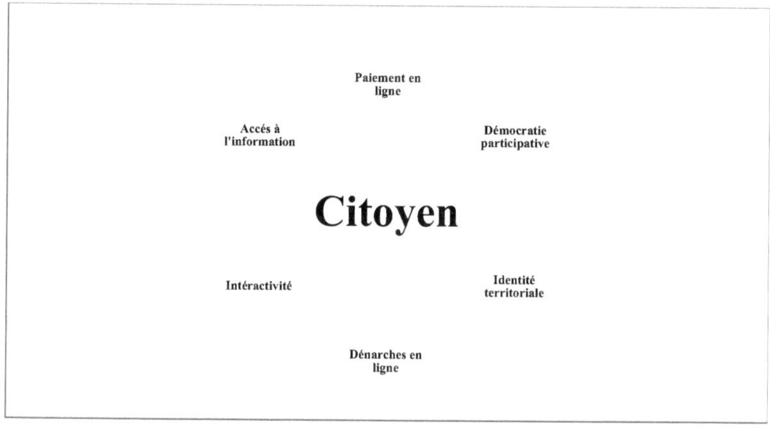

Figura 3Serviços personalizados ao cidadão

É verdade que o desenvolvimento e a generalização da administração eletrônica por meio da tecnologia blockchain trarão eficiência e fluidez às práticas e à operação das estruturas públicas. Mas esse desenvolvimento é prejudicado pela resistência à mudança devido ao contexto cultural e sociológico, além da heterogeneidade do sistema, o que dificulta a adoção dos novos usos da administração eletrônica nos próprios serviços públicos.

Para alcançar a desmaterialização, cada departamento ou estrutura pública deve revisar seu sistema de informações e métodos de trabalho. Para isso, a equipe administrativa terá que mudar a maneira de pensar, aprender, trabalhar e cooperar para acompanhar essas mudanças.

2.2. Tecnologia Blockchain a serviço da ação pública

Um grande número de profissões ou serviços exige registros que sejam inalteráveis, consensuais e públicos. Antes do advento da tecnologia digital, a solução era ter uma autoridade centralizada que certificasse a inalterabilidade e fornecesse uma garantia equivalente a um consenso. Portanto, essa função era geralmente confiada a governos ou a operadores privados, na maioria das vezes sujeitos a controle público.

A tecnologia Blockchain possibilita a criação de um registro descentralizado que é resistente a ataques, registrando dados de forma definitiva e compartilhada, com um consenso de usuários ou operadores sobre o conteúdo desse registro.

No caso da ação pública, a descentralização dos bancos de dados representa uma mudança de paradigma para a organização usual dos dados públicos, que até agora eram armazenados por um ou mais operadores públicos supervisionados de perto.

De fato, as principais características da tecnologia blockchain são de interesse para a ação pública. Um blockchain é essencialmente um método de implementação de um registro distribuído que é protegido contra alterações nos dados registrados, inclusive por aqueles que o implementam. Tecnicamente, as propriedades fundamentais das cadeias de blocos podem ser de interesse para a ação pública: graças a essa tecnologia, os cidadãos podem ter acesso a um alto nível de transparência e, ao mesmo tempo, podem participar ativamente do sistema implementado.

A tecnologia Blockchain, portanto, parece ser uma maneira de reformular certos métodos operacionais, dando aos cidadãos ou a um subconjunto de cidadãos o poder de verificação, fortalecendo assim a confiança que pode ser depositada nos dados em questão, que atualmente é reservada às autoridades públicas.

Esse desenvolvimento não apenas tornará as trocas mais fluidas, mas também facilitará o monitoramento das transações, levando a uma operação mais eficiente dos serviços públicos.

2.3. Ecossistema de blockchain

Cada Blockchain é criado para sua própria finalidade e, para cada finalidade, há uma série de elementos adicionais que ilustram regras específicas de uso. [59]Visto dessa forma, um ecossistema Blockchain representa partes independentes que se interconectam. Assim, um ecossistema Blockchain forte terá componentes que funcionam harmoniosamente juntos para oferecer uma finalidade de qualidade com interconexões perfeitas.

Em geral, um ecossistema de blockchain tem quatro partes principais, ilustradas na Figura 4: a camada de blockchain, a camada de tecnologia, a camada de serviço de blockchain e a camada de usuário.

A primeira camada, a camada de blockchain, contém as várias plataformas de blockchain por meio das quais os usuários e as transações de um determinado serviço são registrados. Cada plataforma pode ter recursos técnicos específicos que favorecem determinados tipos de aplicativos.

A segunda camada é a camada de tecnologia. Ela inclui empresas que atuam como uma interface técnica entre um blockchain e os serviços que oferecem. Elas permitem que as informações contidas em um blockchain sejam processadas para que possam ser usadas por serviços de terceiros.

A terceira camada é a camada de serviço Blockchain, cuja função é definir o conjunto de aplicativos usados diretamente pelo usuário final. A operação técnica desses aplicativos é sempre transparente.

Por fim, a última camada do ecossistema Blockchain é a camada de usuários, ou seja, aqueles que se beneficiam dos serviços fornecidos pela tecnologia Blockchain, como órgãos governamentais, agentes privados, associações e indivíduos.

---

[59] "What Do We Mean When We Talk About the "Blockchain Ecosystem"", disponível em https://bitcoinmagazine.com/articles/op-ed-what-do-we-mean-when-we-talk-about-blockchain-ecosystem;

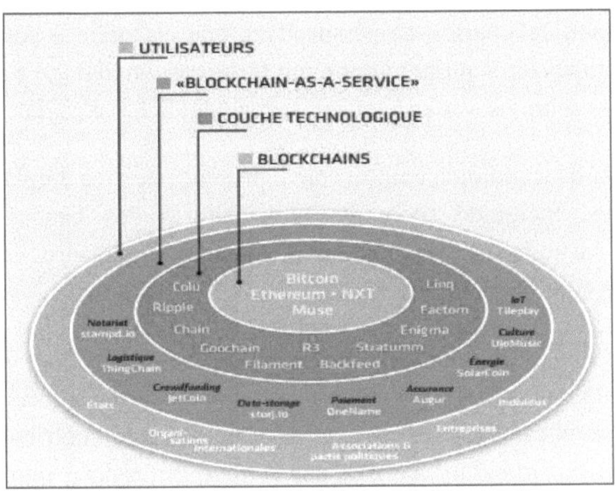

Figura 4Ecossistema de blockchain[60]

3. Instrumentos de política e diretrizes

A Tunísia não demonstrou falta de interesse em integrar novas tecnologias em sua estrutura econômica, social, administrativa e governamental. Isso explica o interesse na tecnologia blockchain, que se tornou uma tendência tecnológica internacional.

Há vários indícios da disposição das estruturas governamentais tunisianas de aproveitar essa tecnologia. [61][62]A primeira delas é o fato de que a Tunísia organizou uma conferência em maio de 2018 intitulada "Africa Blockchain Summit" (Cúpula de Blockchain da África) sob a liderança do Banco Central da Tunísia, em colaboração com a organização representativa do mercado financeiro de Paris "Paris EUROPLACE" e com o apoio técnico do Grupo Talan. [63]Uma conferência sobre o tema

---

[60] Guillaume B., (2016), "Comprendre la Blockchain - anticiper le potentiel de disruption de la Blockchain sur les organisations", uchange.co, página 28

[61] "Presentation of the Paris EUROPLACE organization", disponível em www.paris-europlace.com/fr ; consultado em 10 de junho de 2018

[62] "Apresentação do Grupo Talan", disponível em https://www.talan.com/; consultado em 10 de junho de 2018

[63] "Comunicado de imprensa do BCT para o início da organização da "Cúpula de Blockchain da África"", disponível em https://www.bct.gov.tn/bct/siteprod/actualites.jsp?id=413 ;

"Tecnologia Blockchain e as perspectivas que ela oferece para o setor bancário e financeiro" proporcionou um fórum para o diálogo e a troca de experiências sobre os avanços e usos da tecnologia blockchain.

A cúpula de tecnologia contou com a presença de uma ampla gama de participantes, incluindo todos os governadores dos bancos centrais africanos, instituições multinacionais, agentes financeiros africanos, acadêmicos e pesquisadores.

De fato, muitos participantes, como empresas, governos, etc., estão considerando o uso dessa tecnologia para outros fins além do dinheiro digital. Essa iniciativa oferece uma oportunidade de contribuir com o pensamento e o trabalho que está sendo feito em todo o mundo sobre blockchain e de propor uma visão regional comum para seu uso.

[64]Na abertura da Cúpula de Blockchain da África, o governador do Banco Central da Tunísia confirmou que "a comunidade monetária e financeira tunisiana está convencida de que a nova tecnologia de blockchain é uma fonte de crescimento para a Tunísia e para toda a África".

O governador do BCT também ressaltou que os países africanos e árabes enfrentam desafios comuns, como baixa inclusão financeira, um vasto setor informal que representa 85% de todos os empregos na África e 58% na Tunísia, de acordo com o último estudo da Organização Internacional do Trabalho (OIT), alto índice de desemprego, principalmente entre mulheres, jovens e graduados do ensino superior, garantias insuficientes de empréstimos, falta de infraestrutura e alto crescimento demográfico.

A tecnologia blockchain poderia, portanto, ser uma ferramenta que permitisse aos países que a adotassem acelerar sua emancipação econômica e perpetuar sua autonomia, o que iria além do aspecto monetário.

Entretanto, de acordo com o governador do BCT, há vários desafios para o desenvolvimento dessa tecnologia. O primeiro é a falta de

---

[64] "Transmissão ao vivo da Cúpula de Blockchain da África, disponível em https://www.bct.gov.tn/bct/siteprod/actualites.jsp?id=485&la=AN;

conectividade na África. O segundo obstáculo é que qualquer desenvolvimento de um aplicativo de blockchain requer preparação para uma fase de transição, já que as soluções oferecidas exigem uma grande mudança ou até mesmo uma ruptura completa com os sistemas existentes.

Por fim, o terceiro desafio depende do envolvimento das autoridades públicas na legislação dessa tecnologia para que ela possa ser explorada em escala internacional, garantindo a estabilidade das regras financeiras, a proteção dos usuários e de seus dados pessoais e o combate à lavagem de dinheiro.

Por outro lado, há uma segunda indicação de que a tecnologia de blockchain está no centro das preocupações dos órgãos públicos tunisianos. [65]Trata-se do "Code4Chainge, o maior hackathon de blockchain da África", organizado em conjunto com a African Blockchain Summit. O Code4Chainge é uma competição na qual equipes de pesquisadores e desenvolvedores competem por 36 horas ininterruptas em torno de um desafio de blockchain.

[66]Durante a competição, a equipe do Banco Central da Tunísia foi uma das duas equipes vencedoras. Ela apresentou um projeto bancário inovador que controla a entrada e a saída de dinheiro nos países africanos por meio de uma plataforma que conecta as instituições bancárias ao Banco Central.

Em 2020, o Banco Central da Tunísia revelou seu primeiro "sandbox regulatório", um mecanismo que permite que as fintechs lancem serviços financeiros experimentais em um ambiente de teste para apoiar a experimentação de soluções inovadoras em pequena escala e com clientes reais. [67]A fase de testes da primeira coorte desse sandbox regulatório foi lançada com quatro fintechs selecionadas que oferecem soluções relacionadas à identificação remota de clientes, compensação

---

[65] "Talan organiza o Code4Chainge, o maior hackathon de blockchain da África", disponível em https://thd.tn/talan-organise-le-code4chainge-le-plus-grand-hackathon-blockchain-africain/;

[66] "Tunisia: Two teams win the final of the "Code4Chainge" Blockchain Hackathon", disponível em https://www.ilboursa.com/marches/tunisie-deux-equipes-remportent-la-finale-du-hackathon-blockchain--code4chainge-_14193%22%3E ;

[67] Lançamento de um "Sandbox Regulatório" com o BCT disponível em https://fintech.bct.gov.tn/fr/acualite/lancement-d%E2%80%99une-%C2%AB-sandbox-r%C3%A9glementaire-%C2%BB-aupr%C3%A8s-de-la-bct

transfronteiriça, criptomoeda e banco central digital com base em tecnologias de ponta, como inteligência artificial e blockchain.

[68]Pouco mais de três anos depois, o BCT decidiu replicar essa experiência, mas desta vez com instituições financeiras mais "tradicionais", lançando o "sandbox express", que será destinado aos bancos locais. Por meio dessa iniciativa, os bancos terão a oportunidade de lançar e testar suas soluções digitais para garantir a conformidade com as diversas regulamentações. Para o BCT, essa estrutura oferece uma oportunidade de verificar a robustez dessas soluções antes que elas sejam disponibilizadas aos usuários.

Por fim, outras tentativas de uso da tecnologia Blockchain por autoridades públicas na Tunísia já foram feitas, como no caso dos Correios da Tunísia, ou estão em processo de implantação, como no caso do Ministério do Ensino Superior. As seções a seguir detalharão esses casos de uso.

4. Estudo da experiência do Tunisian Post

Na Tunísia, La Poste, líder em inclusão financeira e social, continua a promover uma variedade de serviços digitais. Em outubro de 2015, os Correios lançaram seu novo experimento Blockchain em parceria com startups de fintech tunisianas.

Assim, a Tunísia se tornará o primeiro país do mundo a operar sua moeda nacional por meio do Blockchain. [69]O blockchain em questão é uma versão avançada do Bitcoin desenvolvida pela Monetas, uma start-up suíça.

[70]Com uma população de cerca de 11 milhões de habitantes, a Tunísia tem mais de 3 milhões de pessoas sem conta bancária. [71]No entanto,

---

[68] SandBox express disponível em https://fintech.bct.gov.tn/fr/sandbox-express

[69] "Presentation of the startup Monetas", disponível em https://monetas.net/; acessado em 03 de junho de 2018

[70] "Tunisia to Transfer its National Currency onto Blockchain", disponível em http://forklog.net/tunisia-to-transfer-its-national-currency-onto-blockchain/; acessado em 03 de junho de 2018

[71] La Poste Tunisienne, (2016), "Annuaire Statistique 2016", @Poste_Tn, 39 p.

658.725 delas usam o e-Dinar, uma versão digital da moeda nacional via La Poste Tunisienne, que é a única entidade não produtora autorizada a coletar poupanças. La Poste Tunisienne presta serviços de contabilidade desde 1918, enquanto o banco de poupança nacional foi criado em 1956.

[72]A plataforma, desenvolvida em nome dos Correios da Tunísia em parceria com as start-ups Monetas e DigitUs, usa o Blockchain para permitir uma série de transações em todo o mundo. [73]O objetivo é substituir a moeda eletrônica autocriada e-Dinar por uma versão Blockchain, permitindo que os clientes dos Correios da Tunísia façam transferências instantâneas de dinheiro e compras na loja e on-line usando códigos QR. Isso também permitirá que eles paguem suas contas e até mesmo gerenciem seus documentos de identidade do governo. Os custos de transação serão insignificantes e as operações de emissão e distribuição serão controladas pelos Correios.

A ideia de integrar a tecnologia blockchain decorre do fato de que os Correios da Tunísia são uma instituição muito importante e confiável, no centro dos esforços de inclusão financeira na Tunísia. Como tal, está sempre em meio a uma transformação para modernizar seus serviços com tecnologias inovadoras e alimentar a economia digital.

A plataforma implementada, cuja arquitetura operacional é ilustrada na figura 5, é chamada de "DigiCash" e consiste em um aplicativo móvel que permite a criação de uma carteira virtual que pode ser recarregada com uma conta de dinares eletrônicos.

---

[72] "Comunicado de imprensa da startup Monetas sobre a parceria com os Correios da Tunísia e a startup DigitUs, disponível em https://static.nzz.ch/files/7/5/3/monetas+tunesien_1.18629753.jpg;

[73] "Tunisia's Post Office Trials Crypto-Powered Payments App", disponível em https://www.coindesk.com/tunisias-post-office-trials-crypto-powered-payments-app/;

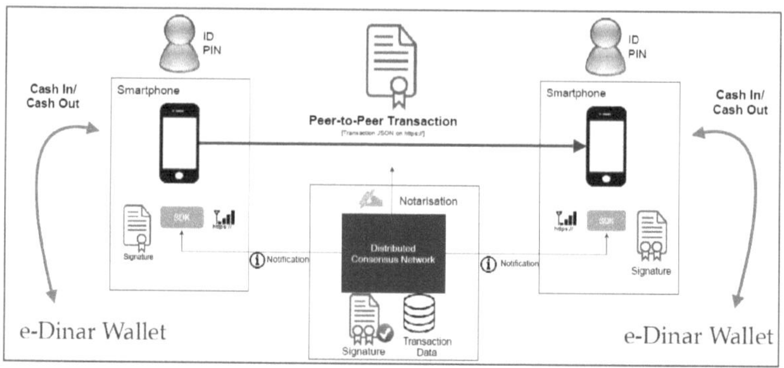

Figura 5Protocolo de transação DigiCach inspirado no Blockchain[74]

Entretanto, esse tipo de mudança nas práticas financeiras enfrenta vários desafios regulatórios. Em primeiro lugar, o Tunisian Post é uma instituição financeira autorizada, mas não um banco. Em segundo lugar, a moeda tunisiana TND não é uma moeda conversível, o que limita os benefícios desse tipo de aplicação em termos de trocas financeiras internacionais. Por fim, não há regras legais que autorizem oficialmente a introdução e o uso de criptomoedas na Tunísia.

No entanto, podemos contornar alguns desses desafios se considerarmos, por exemplo, que o blockchain é uma tecnologia e não necessariamente uma criptomoeda que talvez precise ser regulamentada.

Por fim, pode-se dizer que a tecnologia blockchain é uma oportunidade de promover a inclusão financeira digital por meio de mudanças profundas e dinâmicas no setor financeiro tunisiano. Entretanto, sua implementação deve levar em conta os requisitos de soberania adotados pelo Estado tunisiano, bem como os riscos de segurança de TI.

5. Potencial de integração da tecnologia blockchain nos serviços públicos da Tunísia

---

[74] Chakchouk M., (2017), "Blockchain in Tunisia: From Experimentations to a Challenging Commercial Launch", Workshop da ITU sobre "Security Aspects of Blockchain" Genebra, Suíça, 9 p.

O uso da tecnologia blockchain na administração eletrônica pode levar a uma revolução nos serviços públicos da Tunísia, dada sua capacidade de consolidar a segurança dos dados e das transações, reduzir custos, simplificar procedimentos e aumentar a transparência e a velocidade dos serviços. Atualmente, as condições são favoráveis na Tunísia para a adoção da tecnologia blockchain, especialmente porque as habilidades estão disponíveis. Nesta seção, vamos nos concentrar em vários protótipos de aplicativos baseados em blockchain que estão sendo preparados atualmente, além de propor novos casos de uso em potencial para o benefício dos cidadãos tunisianos.

5.1. Protótipo em andamento

Em nível global, iniciativas e experimentos foram lançados pela maioria dos bancos centrais. Por exemplo, o Banque de France testou um registro descentralizado de identificadores de credores da SEPA (Área Única de Pagamentos em Euros). O mesmo se aplica aos bancos centrais do Japão, da China e da Rússia, que estão testando soluções de pagamento e liquidação baseadas em blockchain, etc. Esses vários desenvolvimentos estão sendo monitorados por autoridades financeiras globais, como o Banco Mundial, o FMI e o BIS, que estão publicando relatórios analíticos e opiniões.

[75]Na Tunísia, o Grupo Talan, em resposta a uma solicitação do banco central tunisiano, está desenvolvendo uma plataforma de verificação de cheques. Esse caso de uso, que ainda está em fase de protótipo, permitirá que os varejistas verifiquem os cheques recebidos de seus clientes antes de descontá-los em seus bancos. O objetivo dessa ferramenta é dar aos comerciantes a oportunidade de verificar os vários estados de um cheque, como sua autenticidade, o status do emissor (se o cheque está em ordem ou não), se foi roubado ou não, etc.

Esse aplicativo possibilitará o crescimento econômico dentro do país, bem como qualquer colaboração com o mundo exterior, estabelecendo,

---

[75] "Blockchain, multiple use cases without cryptocurrency", disponível em https://thd.tn/la-blockchain-des-cas-dusages-multiples-sans-cryptomonnaie/ ;

por um lado, a confiabilidade das trocas e, por outro, a confiança entre os vários participantes envolvidos nesse processo de troca.

Por outro lado, outro protótipo de aplicativo que integra a solução Blockchain está sendo finalizado no momento. [76]Trata-se de uma plataforma para estabelecer e equalizar diplomas universitários em nome do Ministério do Ensino Superior.

A vantagem dessa solução é que ela permite que os cidadãos e, principalmente, os jovens estudantes continuem seus estudos no exterior, tendo seu diploma validado por uma instituição estrangeira em apenas alguns minutos. Isso requer a colaboração de vários participantes, incluindo universidades, instituições públicas e privadas e o ministério responsável.

A implantação da tecnologia blockchain está sendo finalizada atualmente. Ela afetará o coração dos sistemas de informação, organização e criação de valor das instituições financeiras.

Da mesma forma que essas tentativas de implantar a tecnologia Blockchain e com o objetivo de melhorar as oportunidades de governo eletrônico, podemos propor novas plataformas Blockchain que afetariam outras áreas de atividade e nas quais o cidadão será o foco.

5.2. Propostas para novos setores

Queremos atingir áreas que afetem o maior número possível de usuários de serviços públicos. Portanto, escolhemos duas áreas: documentos de estado civil e gerenciamento de dados de pacientes.

O objetivo é mobilizar os participantes locais e nacionais em torno de projetos compartilhados que lhes permitam monitorar as grandes transformações pelas quais o Estado e as autoridades locais estão passando.

Ao usar a tecnologia blockchain, podemos fornecer as chaves para entender a possível transformação futura dos sistemas de TI para permitir

---

[76] "Blockchain app for degree legalisation to be launched in October", disponível em http://www.gnet.tn/actualites-nationales/une-application-blockchain-pour-la-legalisation-des-diplomes-sera-lancee-en-octobre/id-menu-958.html;

que eles troquem vários tipos de informações e documentos importantes, salvem-nos e distribuam-nos para vários usuários da rede sem passar por uma estrutura de controle central.

5.2.1. Documentos de estado civil

Nesta seção, tentamos descrever o sistema nacional de registro civil da Madânia antes de identificar as perspectivas de melhoria por meio da tecnologia Blockchain com referência à experiência da Estônia nessa área.

5.2.1.1. Contexto

[77]Desde 1998, os registros de estado civil foram inseridos eletronicamente nas comunas e nos centros rurais e, desde 2000, todas as informações contidas nesses registros foram transferidas para um site central em Túnis. [78]O sistema nacional de estado civil, Madania , gerencia todos os documentos de estado civil (certidões de nascimento, casamento, divórcio e óbito, instrumentos estatutários etc.) e os publica em todos os locais envolvidos (municípios, distritos municipais e locais comerciais). Esse sistema permite:

- Intercâmbio eletrônico de documentos de estado civil com fundos nacionais de seguridade social;
- Publicação de documentos de estado civil independentemente do local de registro (remoto);
- Transmissão e troca de dados entre os sites de usuários em questão;
- A criação de um banco de dados centralizado e confiável;
- Servir cidadãos com extratos de estado civil não apenas de qualquer distrito municipal dependente do município que detém o registro de registros, mas também de qualquer outro distrito em qualquer outro município tunisiano.

---

[77] AIMF, (2004), "Fonctionnement de l'état civil dans le monde francophone", @ AIMF, página 38

[78] "The Madania national civil status system", disponível em http://www.cni.tn/index.php/fr/pages-3/item/149-madania;

Uma versão mais avançada desse sistema foi desenvolvida sob o nome "Madania2", com o objetivo de permitir que as instituições que frequentemente solicitam documentos de estado civil, como fundos de previdência social e instituições educacionais, obtenham esses documentos on-line sem precisar solicitá-los aos indivíduos em questão.

[79]Além disso, desde maio de 2016, um novo sistema de estado civil, cuja interface inicial é mostrada na Figura 7, foi colocado on-line pelo Ministério de Tecnologias de Comunicação e Economia Digital. Esse é um site que permite que os tunisianos na Tunísia ou residentes no exterior solicitem uma certidão de nascimento on-line, verifiquem seu progresso e a retirem pelo correio, sem ter de esperar em filas nos municípios.

Para entrega na Tunísia, o custo de entrega de uma única cópia de uma certidão de nascimento varia, no total, entre 3.850 dt, para entrega por correio registrado, e 5.500 dt para entrega por correio rápido. Esses valores são bastante altos em comparação com o preço de uma única certidão de nascimento tradicional entregue por uma prefeitura da Tunísia, que é de cerca de 500 milimetros. Isso pode não incentivar os cidadãos tunisianos a usar esse serviço. Além disso, os prazos de entrega também são variáveis e o extrato só pode ser obtido diretamente e após a verificação de identidade no recebimento.

Além disso, no caso de uma solicitação de uma certidão de nascimento em francês, a operação só será processada se a tradução já tiver sido realizada anteriormente no município de nascimento do proprietário da certidão de nascimento.

[79] "A plataforma on-line de status civil, disponível em https://www.etatcivil.gov.tn/Madania/web/indexfr;

Figura 6Interface da Plataforma de Registros Vitais[80]

A tecnologia Blockchain tem aplicações potencialmente infinitas. Mas, logicamente, essa tecnologia só é útil se puder corrigir dificuldades e melhorar as coisas. Então, o que ainda precisa ser aprimorado para o estado civil?

Por um lado, a interoperabilidade entre os serviços é ruim ou inexistente. Hoje, por exemplo, você pode obter uma certidão de nascimento em qualquer município, mas se a rede não funcionar corretamente, você terá que solicitar sua certidão de nascimento no município onde nasceu. O mesmo se aplica a qualquer tipo de alteração na certidão de nascimento.

Por outro lado, embora o estado civil tenha se modernizado, ainda há espaço para melhorias. Esse é o caso de nossa carteira de identidade, que serve apenas para comprovar nossa identidade, quando poderia fazer muito mais.

A carteira de identidade nacional (CIN) é um documento oficial que permite que todos os cidadãos tunisianos comprovem sua identidade e nacionalidade. [81]Ele é regido pela lei nº 93-27 de 22 de março de 1993

---

[80] "A plataforma on-line de status civil, disponível em
https://www.etatcivil.gov.tn/Madania/web/indexfr;

[81] "Lei nº 93-27 de 22 de março de 1993 sobre a carteira de identidade nacional.

sobre a carteira de identidade nacional, alterada e complementada pela lei nº 99-18 de 1º de março de 1999. O cartão CIN é essencial para o exercício de vários direitos, como participar de eleições e cumprir formalidades administrativas. Ele pode ser exigido no caso de um controle de identidade comum pelas forças da lei e da ordem na Tunísia.

[82]Como parte da promoção de um sistema nacional de identificação eletrônica do cidadão com o objetivo de criar um banco de dados nacional para identificar os cidadãos por meio de um único identificador nacional que permita o acesso a vários sistemas e serviços, foi aprovada uma lei sobre o CIN biométrico com o objetivo de substituir a atual carteira de identidade por um documento de identidade biométrico.

A carteira de identidade biométrica é equipada com um chip eletrônico que pode conter uma série de informações pessoais que serão centralizadas e consultadas pelo Ministério do Interior. Espera-se que o cartão, que tem uma capacidade de armazenamento de mais de 80 gigabytes, substitua todos os cartões atualmente em uso, como os cartões de saúde CNSS e CNAM, carteiras de habilitação etc. Isso facilitará muito o trabalho administrativo e proporcionará aos cidadãos um acesso mais fácil a vários serviços administrativos.

O cartão biométrico CIN é usado em vários países desenvolvidos, como França, Bélgica, etc... No entanto, o debate que acompanhou esse projeto de lei, referente à natureza dos dados nos chips, às condições de acesso e armazenamento das informações e aos órgãos, dentro e fora do Estado, que deveriam controlar e censurar o uso dos dados coletados em conformidade com a legislação em vigor, acabou fazendo com que o Ministério do Interior retirasse o texto em janeiro de 2018.

5.2.1.2. Oportunidades de melhoria usando a tecnologia blockchain

Por meio da tecnologia Blockchain, os registros distribuídos e descentralizados permitirão a interoperabilidade. Ao criar uma rede baseada em blockchain, todos os registros de status civil podem ser armazenados de forma segura e inviolável, e podem ser consultados por qualquer pessoa.

---

[82] Lei Orgânica no. 2024-22 de 11 de março de 2024, que altera e complementa a Lei no. 93-27 de 22 de março de 1993 sobre a carteira de identidade nacional

Isso leva a uma série de melhorias, como custos mais baixos, a possível eliminação de riscos de fraude e erro e o compartilhamento de dados em um registro distribuído em vez de centralizado.

Como consequência direta, a tecnologia blockchain também melhoraria a utilidade da nossa carteira de identidade, que poderia ser usada para outros fins, além do estado civil. Isso já existe na Estônia, que poderia ser considerada um modelo de referência para qualquer país.

5.2.1.3. Estônia, um modelo para todos

O exemplo da Estônia em termos de administração eletrônica é absolutamente impressionante. [83]Trata-se de um país báltico, anteriormente soviético, independente desde 1991 e com um padrão de vida não superior ao da União Europeia. Esse país criou a administração estatal mais moderna do mundo. Ele aproveitou as inovações tecnológicas dos anos 90 para fazer da desmaterialização a base da administração estoniana, a fim de tornar os procedimentos administrativos o mais eficientes possível.

Quase todos os estonianos agora têm uma carteira de identidade eletrônica contendo um chip que permite ao seu titular acessar uma infinidade de serviços. [84]Na verdade, 99% dos serviços públicos na Estônia podem ser acessados on-line, e havia 1.789 serviços administrativos disponíveis on-line em 2016.

Graças a um identificador exclusivo, comparável ao nosso número de cartão CIN na Tunísia, cada cidadão pode acessar, por exemplo, seus dados de saúde, como reembolsos, análises médicas, prescrições... e também conceder acesso a esses dados a terceiros. O chip da carteira de identidade contém chaves criptográficas, incluindo uma chave privada que é de responsabilidade e posse exclusiva de seu proprietário. A carteira de

---

[83] Digital Exploration, (2015), "Estonie se reconstruire par le numérique", (cc) creative commons - Renaissance Numérique, página 6

[84] "How Estonia is decentralising its administration with blockchain" (Como a Estônia está descentralizando sua administração com blockchain), disponível em https://www.journaldunet.com/economie/finance/1197222-comment-l-estonie-decentralise-son-administration-avec-la-blockchain/ ;

identidade dá a cada cidadão acesso a mais de cem bancos de dados públicos, conforme ilustrado na figura 8 abaixo.

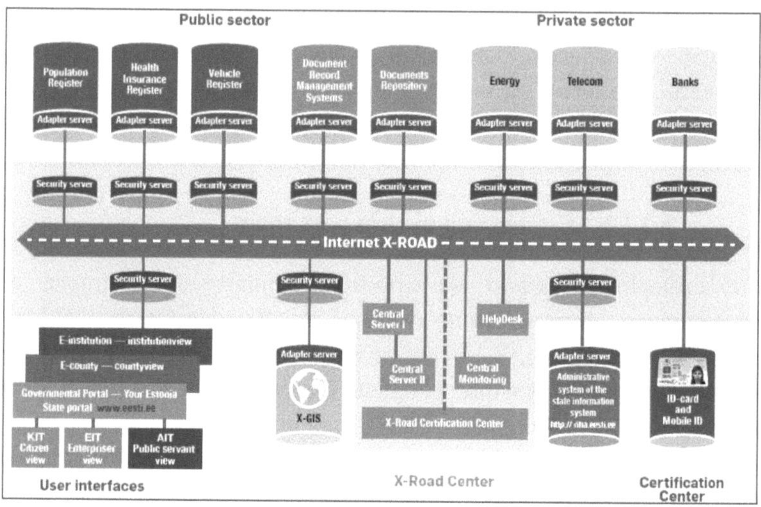

Figura 7Sistema de informação da Estônia[85]

[86]Em termos de segurança, e após um ataque cibernético realizado por hackers russos em 2007, a Estônia criou a KSI (Keyless Signature Infrastructure, infraestrutura de assinatura sem chave) em 2008, que é um verdadeiro Blockchain em que cada dado pode ser rastreado à medida que é inserido no registro com um hash. Isso significa que qualquer consulta ou tentativa de consultar os dados será visível. O KSI Blockchain é um registro distribuído que não pode ser falsificado, pois não há um servidor central.

[87]Na Estônia, as instituições e os departamentos governamentais são obrigados a trocar informações usando o protocolo criptográfico "X

---

[85] Anthes G., (2015), "Estonia: A model for e-government", Artigo em: Communications of the ACM (vol 58), N°6, páginas 18-20

[86] Tallinn Entrepreneurship Office, (2017), "Tallinn in brief 2017", Tallinn - centro econômico da Estônia, página 14

[87] Digital Exploration, (2015), "Estonie se reconstruire par le numérique", (cc) creative commons - Renaissance Numérique, página16

Road". [88]Para garantir transferências seguras, todos os dados que saem do X-Road são assinados eletronicamente e criptografados, e todos os dados recebidos são autenticados e registrados nos diversos sistemas de informação. Dessa forma, um usuário só precisa inserir dados uma vez em um site de serviço público, e todos os outros sites registrarão automaticamente as informações. Quando um conjunto de informações é fornecido por um cidadão estoniano ao Estado, muitos processos podem ser automatizados.

Além disso, o X-Road reside na confidencialidade dos dados, pois todos podem ver quem está consultando seus dados e por qual motivo.

[89]Atualmente, vários países implementaram o X-Road, incluindo a Finlândia, o Azerbaijão e a Namíbia .... E a Estônia continua seu progresso analisando outros aspectos da tecnologia blockchain. Ela planeja adotar um novo método de financiamento emitindo "tokens", que são tokens digitais que permitem que qualquer pessoa invista diretamente no país.

5.2.2. Gerenciamento de dados do paciente

Esta seção se concentra na importância do setor de saúde em escala nacional e internacional, bem como em algumas reflexões sobre as perspectivas de melhoria por meio da tecnologia Blockchain.

5.2.2.1. Contexto geral

A introdução de novas tecnologias de informação e comunicação é um dos vetores para o desenvolvimento do setor de saúde na Tunísia, permitindo melhor acesso ao atendimento e igualdade diante de doenças. [90]Para incentivar essa tendência, a Tunísia organiza anualmente um Fórum Internacional de Saúde Digital.

---

[88] "Introduction of X-Road", disponível em https://www.ria.ee/en/introduction-of-xroad.html;

[89] "X-Road", disponível em https://e-estonia.com/solutions/interoperability services/x-road/,

[90] 2nd International Forum on Digital Health", disponível em http://africaine-sante.com.tn/les-grands-dossiers-dafricaine-sante/2eme-forum-international-de-la-sante-numerique/;

O setor de saúde digital progrediu com o desenvolvimento de objetos conectados, aplicativos móveis, cirurgia robótica, o advento da TI, a exploração de Big Data etc.

[91]De acordo com a OMS, "a saúde digital (saúde eletrônica) abrange o uso de tecnologias de informação e telecomunicação no campo da saúde e do bem-estar". Assim, os três setores da saúde digital são:

- Ferramentas e mídia: incluem telemática (computação médica, sistemas de informação, registros médicos, etc.), Internet e aplicativos de saúde.
- Telesserviços: correspondem a informações de saúde, tecnologias de bem-estar, aprendizado eletrônico e serviços comerciais de saúde eletrônica (teleconsultoria, etc.).
- Práticas médicas regulamentadas: essencialmente telemedicina (clínica)

A área da saúde é um setor particularmente promissor para a tecnologia blockchain. Essa tecnologia pode ser usada para desenvolver vários aplicativos para o gerenciamento, a segurança e o uso de dados de pacientes. Mas ainda há grandes desafios técnicos e regulatórios. Os vários casos de uso são mais bem considerados a médio e longo prazo, dada a complexidade de integrá-los ao sistema de saúde existente.

No entanto, o setor farmacêutico é mais adequado à provável integração do blockchain em curto prazo, para combater a falsificação de medicamentos e, de modo mais geral, melhorar a transparência e a fluidez de sua cadeia de suprimentos.

5.2.2.2. Perspectivas de melhoria com o uso de blockchain

As vantagens fundamentais de um sistema de blockchain estão na integridade dos dados e na imutabilidade da rede. Para o setor de saúde, esse conceito pode resolver os problemas emergentes do ecossistema de saúde digital altamente interconectado e em rápida evolução. Para isso, a confiança e a governança serão fatores críticos de sucesso na

---

[91] Safon M., (2018), "La e-santé : Télésanté, santé numérique ou santé connectée", Centre de documentation de l'Irdes (Bibliographie thématique), página 4

implementação de aplicativos e sistemas de gerenciamento de atendimento habilitados para Blockchain.

O objetivo é modernizar a prestação de serviços de saúde em todos os níveis e oferecer aos cidadãos acesso simples e fácil aos serviços de saúde por meio de sistemas de informação, telemedicina, objetos conectados etc.

O uso de novas tecnologias, como o blockchain, tornará a assistência médica mais acessível a todos e, em especial, às áreas menos favorecidas. Para isso, três possíveis projetos podem ser identificados: registros médicos eletrônicos compartilhados, controle de reclamações e gerenciamento de faturamento, e rastreabilidade da cadeia de suprimentos de medicamentos.

Conclusão

A abordagem deste capítulo foi fazer a conexão entre a tecnologia Blockchain e a modernização da administração tunisiana. O objetivo era identificar caminhos prováveis para a melhoria dos serviços públicos, concentrando-se em evidências do envolvimento de órgãos públicos tunisianos, como o BCT e os Correios da Tunísia, no processo de melhoria de seus serviços usando a tecnologia blockchain, tentando manter o cidadão no centro de suas preocupações.

Além disso, por meio dos vários projetos propostos, podemos identificar duas áreas estratégicas nas quais o Estado pode atuar. A primeira envolve a otimização da eficiência e da organização do Estado. De fato, nessa abordagem, a industrialização e a generalização das várias soluções propostas, como a do registro comercial, para todos os registros podem permitir a desmaterialização da entrega de documentos oficiais e a desintermediação de seu uso. A segunda área se concentra no incentivo à transformação digital, à inovação, à pesquisa científica e ao desenvolvimento econômico.

Para isso, a experimentação em vários setores públicos ou privados ajudaria a desenvolver usos. No próximo capítulo, examinaremos novamente o gerenciamento de dados de pacientes no setor de saúde, mas com mais detalhes.

Chapitre III. Blockchain e serviços on-line na Tunísia - o caso do setor de saúde

Introdução

Atualmente, o setor de saúde está adotando uma abordagem inovadora para a prevenção e o tratamento de doenças que incorpora o estilo de vida e o ambiente do paciente. Essa mudança pode ser impulsionada pela tecnologia Blockchain, que tem o potencial de ser o padrão técnico que permite que indivíduos, provedores e entidades de saúde e pesquisadores médicos compartilhem dados de saúde em formato eletrônico. Assim, neste capítulo, descreveremos o sistema de saúde na Tunísia (1), analisaremos o ambiente do sistema de saúde tunisiano (2) e terminaremos propondo um modelo de Blockchain dedicado à saúde por meio de um estudo técnico (3) apoiado por algumas recomendações (4).

1. Sistema de saúde da Tunísia

O sistema de saúde na Tunísia pode ser descrito citando a estrutura jurídica atual do direito à saúde na Tunísia (1.1) antes de descrever o sistema de informações de saúde (1.2) e definir os possíveis setores a serem afetados pela mudança usando a tecnologia Blockchain (1.3).

1.1. Estrutura jurídica do direito à saúde

A estrutura legal e institucional que abrange o sistema de saúde tunisiano desenvolveu-se consideravelmente e é extremamente complexa e extensa. Além disso, a consagração do direito à saúde na nova constituição de janeiro de 2014 constitui um importante passo adiante. De fato, isso pode ser revelado em três níveis, ilustrados na Tabela 3. Em primeiro lugar, o valor constitucional que diz respeito ao setor de saúde menciona sua importância estratégica para o Estado. Em segundo lugar, por meio do artigo 38 da Constituição, foi estabelecida uma estrutura clara das obrigações do Estado para com seus cidadãos em termos de intervenções de saúde. Por fim, não podemos falar sobre equidade e universalidade do direito à saúde sem ter o direito à informação ou sem enfatizar o papel das autoridades locais em termos de descentralização e governança local, e isso é regulamentado pelos artigos 139 e 140.

Níveis	Artigo
Constitucional	**Artigo 38** A saúde é um direito de todo ser humano. O Estado garante que todos os cidadãos tenham acesso à saúde preventiva e fornece os recursos necessários para garantir a segurança e a qualidade dos serviços de saúde. O Estado garante atendimento gratuito para pessoas sem apoio e com baixa renda. Ele garante o direito à cobertura de seguridade social conforme previsto em lei.
Títulos do governo	**Artigo 139** As autoridades locais adotam os instrumentos de democracia participativa e os princípios de governança aberta para garantir a maior participação possível dos cidadãos e da sociedade civil na preparação de projetos de desenvolvimento e planejamento do uso da terra e no monitoramento de sua implementação, de acordo com a lei.
Governança local	**Artigo 140** As autoridades locais podem cooperar e criar parcerias entre si, com o objetivo de realizar programas ou ações de interesse comum. As autoridades locais também podem estabelecer parcerias externas e cooperação descentralizada. A lei define as regras de cooperação e parceria.

Tabela 3Estrutura jurídica constitucional do direito à saúde

1.2.Sistema de informações de saúde

Os serviços de saúde na Tunísia são divididos geograficamente em três níveis fornecidos pelos setores público, semipúblico e privado. A distribuição geográfica, ilustrada na figura 9 abaixo, é, à primeira vista, satisfatória. Entretanto, essa distribuição geográfica das estruturas esconde uma inegável falta de disponibilidade e capacidade de oferecer serviços contínuos e regulares.

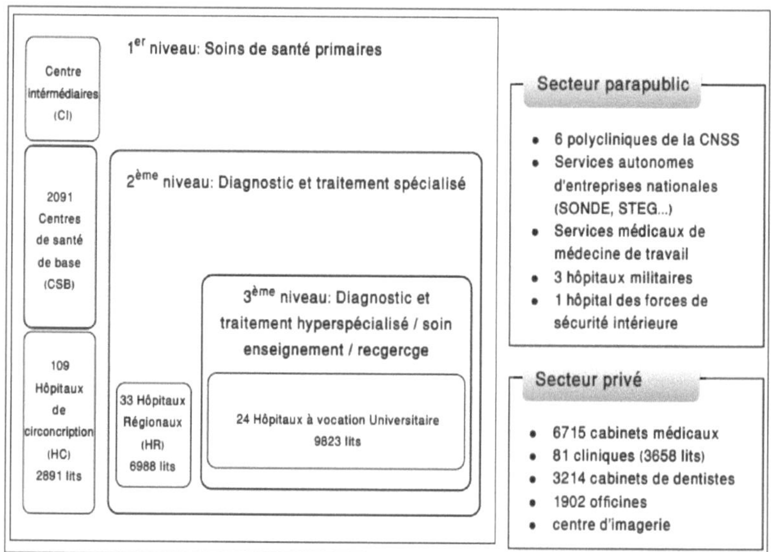

Figura 8Distribuição geográfica dos serviços de saúde[92]

Por outro lado, o desenvolvimento da "Saúde Digital" na Tunísia é um eixo estratégico do "Plan National Stratégique Tunisie Digitale 2020". Na verdade, vários fatores, como a complexidade do sistema de saúde, a multiplicidade de diferentes participantes no campo e os interesses políticos, sociais, de saúde e econômicos envolvidos, contribuem para a necessidade de considerar a modernização do Sistema de Informações em Saúde (HIS) como uma alavanca essencial para qualquer reforma no setor de saúde.

[93]O SIS atual não fornece um quadro completo da realidade no local. Na verdade, os participantes que utilizam o SIS expressam sua incapacidade de obter dados em quantidades suficientes, de forma confiável e em tempo hábil. Isso tem um impacto negativo no processo de

---

[92] Ben Salah F. Benhafaiedh A. , et al , (2014), "Santé en Tunisie, état des lieux", @ Comitê technique du dialogue sociétal pour les politiques, stratégies et plans nationaux de santé (relatório), 194p.

[93] "Programme de Développement de la "Santé Numérique" en Tunisie", disponível em http://www.santetunisie.rns.tn/fr/prestations/programme-de-d%C3%A9veloppement-de-la-%C2%ABsant%C3%A9-num%C3%A9rique%C2%BB-en-tunisie ;

tomada de decisão e na forma como a qualidade do serviço prestado aos cidadãos é avaliada.

No entanto, o SIS possibilita a obtenção de uma grande quantidade de informações das várias unidades administrativas subordinadas ao Ministério da Saúde (MS) em todos os níveis. Mas o problema está na falta de informação e de confiabilidade desses dados, que abrangem uma série de assuntos, como dados epidemiológicos (mortalidade, morbidade etc.), dados relacionados aos determinantes sociais da saúde e às desigualdades sociais e territoriais etc.

Além disso, o SIS enfrenta uma série de desafios em termos de fragmentação, compartimentalização, falta de integração entre vários subsistemas do SIS, implantação parcial de novas tecnologias e falta de compartilhamento de dados com pouco foco no paciente e em sua trajetória de atendimento.

Várias áreas ou componentes do HIS, como o Sistema de Informações Hospitalares (HIS), não sofreram grandes mudanças desde a reforma realizada no início da década de 1990. Além disso, a interconexão com o SI pertencente a outros ministérios para compartilhar e coletar dados relacionados ao estado de saúde da população e aos determinantes sociais da saúde permaneceu mínima.

Para remediar esses vários problemas, a modernização do SIS prevista pelo Ministério da Saúde foi validada pelo Plano Estratégico Nacional para a Tunísia Digital 2020, que aloca um orçamento provisório de cerca de 70 milhões de dinares no período de 2017 a 2020, permitindo o financiamento de uma série de projetos estratégicos, incluindo

- Modernização do sistema de informações de saúde na Tunísia, com a implantação de uma infraestrutura de rede para interconectar os diversos usuários do sistema de informações.
- Modernização dos sistemas de informação hospitalar para melhorar os serviços aos pacientes e minimizar os custos operacionais. Isso é feito por meio de vários projetos, como a implantação do prontuário médico eletrônico (DMI), a segurança e o controle do circuito de medicamentos da farmácia central até o paciente, a digitalização de

arquivos médicos e o desenvolvimento de registros nacionais para pesquisas clínicas e científicas.

Por outro lado, e para apoiar a implementação de projetos prioritários de saúde eletrônica, como o Prontuário Médico Eletrônico (DMI) e o arquivo médico digital.... [94]A cooperação técnica foi estabelecida em 2016 entre a Agence Française du Développement (AFD), a Caisse Nationale d'Assurance Maladie (CNAM), o Ministério da Saúde (MS) e o Ministério dos Assuntos Sociais (MAS).

[95]Por outro lado, o setor farmacêutico local, que é um componente importante do tecido de saúde da Tunísia, passou por um desenvolvimento considerável, graças à introdução de uma estrutura legal e regulatória que abrange a fabricação, o registro e a comercialização de medicamentos.

Há várias estruturas administrativas, como o Laboratório Nacional de Controle de Drogas, que se preocupa com o gerenciamento, a análise e o controle de produtos farmacêuticos e medicamentos, além da inspeção das unidades de fabricação, tudo em colaboração com a OMS.

Por fim, observando essa diversidade de elementos que interagem no ecossistema de saúde pública da Tunísia, pode-se argumentar que a interoperabilidade é um elemento essencial de qualquer infraestrutura que apoie a pesquisa de resultados centrada no paciente e a iniciativa de medicina de precisão. Assim, uma infraestrutura nacional de TI de saúde baseada em Blockchain tem um potencial considerável para promover o desenvolvimento da medicina de precisão, avançar a pesquisa médica e convidar os pacientes a serem mais responsáveis por sua saúde.

1.3. Áreas potenciais

---

[94] "Programme de Développement de la "Santé Numérique" en Tunisie", disponível em http://www.santetunisie.rns.tn/fr/prestations/programme-de-d%C3%A9veloppement-de-la-%C2%ABsant%C3%A9-num%C3%A9rique%C2%BB-en-tunisie ;

[95] "Evolution of the local pharmaceutical industry" (Evolução do setor farmacêutico local), disponível em http://www.santetunisie.rns.tn/images/actualite-fr/dpm.htm;

As áreas que provavelmente causarão mais problemas são o acesso a dados e serviços de saúde, a diversidade de tratamento dos registros de saúde e a falta de interoperabilidade técnica.

O desenvolvimento de um sistema de TI para o setor de saúde com tecnologia Blockchain pode oferecer soluções tecnológicas para esses e muitos outros desafios, incluindo interoperabilidade, integridade e segurança de dados de saúde, dados portáteis de usuários e outras áreas.

Mais fundamentalmente, a tecnologia blockchain poderia permitir sistemas de troca de dados seguros e irrevogáveis. Isso permitiria o acesso ininterrupto aos dados históricos dos pacientes e, ao mesmo tempo, eliminaria a desordem e o custo da reconciliação de dados. Os dados dos pacientes podem ser perfeitamente integrados a qualquer sistema por meio de um identificador nacional exclusivo.

Assim, a implantação de uma identidade nacional digital com dados biométricos pode ser útil na criação de identificadores de pacientes para toda a população tunisiana e no fornecimento de login seguro e gerenciamento de sessões. No entanto, dadas as incertezas em torno da propriedade dos dados e da estrutura de governança para a troca de dados de saúde entre entidades públicas e privadas, seria difícil replicar o modelo de registro de saúde protegido por Blockchain de forma compatível.

Além disso, uma porcentagem, que pode ser estimada, dos custos de saúde é fraudulenta, resultante de um faturamento exorbitante ou de um faturamento por um atendimento não realizado. Um sistema baseado na tecnologia Blockchain pode fornecer soluções eficazes para minimizar essas fraudes de faturamento médico. Portanto, o faturamento médico pode ser disponibilizado por meio da identidade nacional de um indivíduo. Ao ter todos os cidadãos no sistema, o processo de faturamento se torna fácil.

O processo pode então ser vinculado à conta bancária, aos pedidos de seguro etc. Ao automatizar a maioria das operações de liquidação e processamento de pagamentos, o sistema Blockchain poderia eliminar a inconsistência de dados e reduzir os custos administrativos e o tempo de processamento de serviços para os diversos participantes do ecossistema de saúde.

Além disso, esse sistema poderia levar a ramificações interessantes para melhorar alguns dos obstáculos associados ao rastreamento de informações logísticas a fim de desenvolver funções de manutenção centradas na confiabilidade.

Além disso, um sistema baseado na tecnologia Blockchain poderia promover a colaboração entre cidadãos e pesquisadores em torno da inovação em vários campos, como pesquisa médica, medicina de precisão e gerenciamento da saúde da população.

2. Análise do ambiente de blockchain no sistema de saúde da Tunísia

A gestão estratégica no setor de saúde é difícil. Na verdade, o ambiente de saúde está sujeito a muitas incertezas, ligadas às várias pressões demográficas, sociais e de saúde, tecnológicas e econômicas que são exercidas.

Fazer um diagnóstico estratégico desse setor, em termos de integração da tecnologia blockchain, envolve, portanto, o uso de vários modelos e ferramentas de análise, como o modelo PESTEL (2.1) e o modelo SWOT (2.2).

2.1. A análise PESTEL

O desenvolvimento de uma estratégia para a implantação de novas tecnologias e técnicas de trabalho deve necessariamente ser precedido por uma fase de análise e diagnóstico sob vários ângulos.

[96]O método PESTEL é uma técnica de análise que usa um conjunto de variáveis ou fatores externos para prever as oportunidades e ameaças ligadas ao ambiente da estrutura ou atividade em estudo. Em geral, uma

---

[96] Besson B. et al , (2010), "Méthodes d'analyse appliquées a l'intelligence économique", @ ICOMTEC Poitiers (white paper), página 7

análise PESTEL é a primeira etapa no desenvolvimento de uma análise estratégica para uma área estratégica de negócios (SBA).

Esse método lista seis ângulos de influência macroambiental que podem ter impacto sobre a atividade ou estrutura em estudo, que, no nosso caso, é o setor de saúde:

- ✓ **O ângulo político:** diz respeito a todas as decisões tomadas pelos governos em nível nacional ou internacional, por exemplo, sobre política tributária, cooperação externa, modernização administrativa, proteção social etc.

- ✓ **O ângulo econômico:** esses são fatores que influenciam o poder de compra e o comportamento dos clientes ou consumidores de serviços. Esses fatores incluem inflação, desemprego, custos de serviços, renda disponível, taxas de juros etc.

- ✓ **O ângulo sociológico:** esse ângulo lida com as características sociais que afetam a capacidade financeira do solicitante do serviço. Os exemplos incluem dados demográficos, atitude em relação ao trabalho, mobilidade social, nível de escolaridade etc.

- ✓ **O ângulo tecnológico:** diz respeito a todas as inovações tecnológicas que podem perturbar a oferta e a demanda existentes. Isso inclui, por exemplo, investimento privado ou público em P&D, desenvolvimento de patentes, velocidade e capacidade de transferência de tecnologia....

- ✓ **O ângulo ecológico:** abrange todas as restrições ligadas ao desenvolvimento sustentável no setor de saúde, como o tratamento de resíduos médicos, o consumo de energia etc.

- ✓ **O ângulo jurídico:** esse ângulo abrange todos os regulamentos e a legislação que regem a empresa e os participantes de seu ecossistema. Isso abrange o direito à cobertura de saúde, a proteção de dados pessoais, o seguro de saúde, a legislação geral de saúde etc.

↗↘↗↘◇◈◆As tabelas abaixo (Tabelas 4 a 9) ilustram nossa análise PESTEL, listando os vários fatores, os elementos-chave em relação a esses fatores, sua influência, que pode ser positiva ( ), negativa ( ) ou ambas ( ), e o grau dessa influência, que varia de fraca ( ), média ( ) e forte ( ), com um **x** na coluna apropriada. A última coluna é usada para identificar as perguntas formuladas em relação ao fator de influência. [97]Essa análise foi baseada nas propostas apresentadas na conferência nacional de saúde de 2014.

Fatores Políticas	Elementos-chave	Influência			Grau			Perguntas relacionadas
		↗	↘	↗↘	◇	◈	◆	
Política regional	Base jurídica clara, descentralização política, capacidade de gestão em nível local, interação entre o sistema de saúde e outros setores	x			x			Um sistema baseado em blockchain possibilitará a adoção de uma visão clara e atualizada da política de saúde regional ou mesmo local que corresponda às especificidades reais do setor e das regiões?
Desigualdades tecnológicas e de saúde	Cobertura de saúde, instalações de saúde, densidade médica, recursos (infraestrutura), pessoal...)			x			x	Podemos reduzir as desigualdades sociais em saúde e as grandes disparidades regionais em equipamentos tecnológicos?
Continuidade do serviço	Descontinuidade do tratamento, descontinuidade do suprimento, disponibilidade de prestadores de serviços, coordenação entre os prestadores de serviços, etc. os três níveis de atendimento, prazos para exames de saúde	x					x	A integração da tecnologia blockchain levará à organização e ao gerenciamento permanentes de recursos materiais e humanos?

[97] Ben Salah F. Benhafaiedh A. et al, (2014), "Pour une meilleure santé en Tunisie, Faisons le chemin ensemble", @ Comitê technique du dialogue sociétal pour les politiques, stratégies et plans nationaux de santé (Livre blanc), 194 p.

Fatores Políticas	Elementos-chave	Influência			Grau			Perguntas relacionadas
		↗	↘	↗↘	◇	◈	◆	
Harmonização de práticas relacionadas ao uso de registros médicos de pacientes	Fragmentação de decisões, duplicação de esforços, colaboração Intersetorial, atitude dos gerentes regionais	x					x	Podemos reduzir a falta ou a descontinuidade da coordenação entre os três níveis de atendimento?

Tabela 4Análise PESTEL - fatores políticos

Fatores Econômicos	Elementos-chave	Influência			Grau			Perguntas relacionadas
		↗	↘	↗↘	◇	◈	◆	
Otimização de gastos em estabelecimentos de saúde	Orçamento, compras, manutenção, consumo de papel, relações harmoniosas entre a administração, os cidadãos e as empresas	x				x		O blockchain nos tornará mais competitivos e reduzirá os custos?

Tabela 5Análise PESTEL - fatores econômicos

Fatores Sociais	Elementos-chave	Influência			Grau			Perguntas relacionadas
		↗	↘	↗↘	◇	◈	◆	
Imagem do estabelecimento de saúde	Qualidade geral do serviço, confiança do paciente/cliente, indicadores socioeconômicos, padrões de qualidade	x				x		A tecnologia blockchain é capaz de democratizar o acesso aos serviços e promover um relacionamento mais descentralizado e horizontal?

Tabela 6Análise PESTEL - fatores sociais

Fatores Tecnológicos	Elementos-chave	Influência			Grau			Perguntas relacionadas
		⬈	⬊	⬈⬊	◇	◈	◆	
Mitigação de riscos do crime cibernético	Gerenciamento de chaves públicas e privadas, proteção da esfera privada, intrusão, ataques pela Web			x			x	Um sistema baseado em blockchain é uma panaceia para a segurança de TI?
Integração de subsistemas de TI	Aplicativos de negócios, conectores, banco de dados			x			x	Podemos garantir a interoperabilidade da infraestrutura de hardware e software de saúde por meio de uma plataforma de blockchain?
Habilidades de RH	Habilidades, know-how, complexidade técnica	x				x		Todos são capazes de dominar essa tecnologia?

Tabela 7Análise PESTEL - fatores tecnológicos

Fatores Ecológicos	Elementos-chave	Influência			Grau			Perguntas relacionadas
		⬈	⬊	⬈⬊	◇	◈	◆	
Impacto do registro médico compartilhado no meio ambiente	Gerenciamento e tratamento de resíduos, doenças transmissíveis, níveis de higiene da população	x				x		A inovação em blockchain pode melhorar a saúde ambiental e combater doenças transmissíveis?
Otimização de energia	Energia elétrica	x				x		Como podemos reduzir o enorme consumo de energia de um sistema baseado em blockchain?

Tabela 8Análise PESTEL - fatores ecológicos

Fatores Legais	Elementos-chave	Influência			Grau			Perguntas relacionadas
		↗	↘	↗↘	◇	◈	◆	
Gerenciamento de incidentes relacionados ao uso do arquivo médico compartilhado	Estrutura jurídica, acordos, autorizações, estruturas de prestação de serviços, incidentes críticos			x			x	Podemos reduzir a complexidade dos mecanismos de apelação e reclamações existentes nos circuitos administrativos e judiciais?
Proteção dos dados do paciente	Proteção de direitos, sistemas de controle, padrões de segurança			x			x	O uso da tecnologia blockchain pode fornecer uma estrutura jurídica eficaz para registros médicos compartilhados?

Tabela 9Análise PESTEL - fatores legais

A tecnologia Blockchain provavelmente representa o início do próximo estágio no desenvolvimento da Web. Esse desenvolvimento é derivado da tecnologia que possibilitou o surgimento do Bitcoin. O banco de dados, construído em um blockchain, é descentralizado, transparente e ultrasseguro. Com essa abordagem, os dados em questão são impossíveis de serem falsificados.

Hoje em dia, a tecnologia blockchain está encontrando cada vez mais saídas, não apenas no setor privado, especialmente para atividades ligadas a finanças, rastreabilidade de produtos e troca de bens e serviços, mas também nas administrações públicas.

A aplicação dessa tecnologia nos permitirá estar realmente na vanguarda da inovação, com visibilidade internacional. A pesquisa sobre o potencial de integração do blockchain nos serviços públicos faz parte do esforço para modernizar a administração pública na Tunísia. O objetivo é fazer experiências com essa tecnologia, que é uma estrutura de dados altamente segura que permite que informações contábeis e descritivas sejam arquivadas e atualizadas sem intermediários que garantam a autenticidade e a integridade das informações. Essa tecnologia promete maior eficiência no processamento de informações, menores custos de processamento, segurança e registro irreversível de qualquer ação ou processo acionado.

2.2. Análise SWOT

[98]O princípio da análise SWOT (Strenght, Weakness, Opportunities and Threats, forças, fraquezas, oportunidades e ameaças) é elaborar um inventário da situação com base em fatores positivos e negativos de origem interna (forças/fraquezas) e externa (oportunidades/ameaças). O posicionamento interno ou externo depende da tecnologia Blockchain e de seus vários componentes em oposição ao ambiente geral no qual ela está se desenvolvendo. A Tabela 10 apresenta os resultados dessa análise.

A tecnologia Blockchain oferece várias vantagens para a tecnologia da informação. O Blockchain é baseado em software de código aberto que facilita a interoperabilidade mais rápida e fácil entre os sistemas já em uso nas diversas estruturas de saúde da Tunísia. Esse sistema pode evoluir com eficiência para gerenciar volumes cada vez maiores de dados e mais usuários da tecnologia Blockchain.

As soluções de código aberto também geram inovação no mercado de aplicativos. Os prestadores de serviços de saúde e os indivíduos se beneficiariam da ampla gama de opções de aplicativos e poderiam selecionar opções que correspondessem às suas necessidades e requisitos específicos.

O sistema pode ser desenvolvido em cada estrutura separadamente. Por exemplo, em cada autoridade local, as estruturas de saúde existentes na região podem trabalhar em conjunto para construir um sistema de referência que leve em conta as características demográficas, de saúde, sociais e econômicas específicas dos membros do sistema, criando assim uma identidade territorial de saúde específica para sua região. Isso

---

[98] Besson B. et al , (2010), "Méthodes d'analyse appliquées a l'intelligence économique", @ ICOMTEC Poitiers (white paper), página 7

melhora a qualidade do serviço para os cidadãos e fornece um mapa das necessidades de saúde (novos tratamentos, medicamentos, etc.).

A tecnologia blockchain também aborda os desafios da interoperabilidade no ecossistema de TI do setor de saúde. Isso eliminará a necessidade de desenvolver APIs complexas para a integração ponto a ponto entre sistemas diferentes.

A tecnologia Blockchain permitiria que os pacientes, a comunidade da área da saúde e os pesquisadores acessassem uma fonte de dados compartilhada para obter dados de saúde oportunos, precisos e completos sobre os pacientes. Além disso, as estruturas de dados são flexíveis, dimensionáveis e podem suportar dados imprevistos que se tornarão disponíveis no futuro.

Outra vantagem está na arquitetura distribuída do Blockchain, que permite tolerância a falhas e recuperação de desastres incorporadas. Isso se deve ao fato de os dados estarem espalhados por muitos servidores em vários locais diferentes. Não há um único ponto de falha e é improvável que um desastre afete todos os locais ao mesmo tempo.

Além disso, a tecnologia blockchain trabalha com algoritmos e protocolos padrão para criptografar dados. Essas tecnologias foram amplamente analisadas e aceitas como seguras e são amplamente utilizadas em todos os setores e em muitos órgãos governamentais.

Por outro lado, a tecnologia Blockchain oferecerá muitos benefícios a pesquisadores médicos, prestadores de serviços de saúde, cuidadores e indivíduos. A criação de um único local de armazenamento para todos os dados de saúde em escala local ou nacional serviria tanto para a pesquisa quanto para a medicina personalizada. De fato, os pesquisadores da área de saúde precisam de conjuntos de dados extensos e abrangentes para avançar na compreensão das doenças, acelerar a descoberta biomédica, acelerar o desenvolvimento de medicamentos e projetar planos de tratamento individuais personalizados com base na genética, no ciclo de vida e no ambiente de um paciente.

O ambiente de dados compartilhados fornecido pela tecnologia Blockchain forneceria uma ampla gama de dados para estudos longitudinais, incluindo pacientes de diferentes origens socioeconômicas e ambientes geográficos.

Um sistema Blockchain de saúde expandiria a aquisição de dados de saúde para incluir dados de populações de pessoas atualmente mal atendidas pela comunidade médica. Isso permitiria que os indivíduos fossem classificados em subcategorias, distinguindo entre aqueles que respondem bem a um tratamento específico e aqueles que são mais suscetíveis a uma determinada doença.

Além disso, a capacidade dos médicos de obter dados mais frequentes, como pressão arterial ou níveis de açúcar no sangue, melhoraria o atendimento individualizado por meio de planos de tratamento especializados com base nos resultados e na eficácia do tratamento.

Além disso, o acesso em tempo real aos dados melhoraria a coordenação do atendimento clínico em situações de emergência médica e também permitiria que os pesquisadores e os recursos de saúde pública detectassem, isolassem e direcionassem rapidamente as mudanças nas condições ambientais que têm impacto sobre a saúde pública.

Por fim, um sistema Blockchain para a área da saúde certamente promoveria o desenvolvimento de uma nova geração de aplicativos "inteligentes" para o benefício da pesquisa médica e de tratamentos personalizados. Além disso, o prestador de serviços de saúde e o paciente poderiam participar, por meio de informações compartilhadas, de uma discussão colaborativa e informada sobre as melhores opções de tratamento com base em pesquisas e não em intuição.

Pelo contrário, há vários limites para a adoção da tecnologia blockchain para aplicativos de saúde, especialmente na escolha entre um blockchain público, que é aberto e acessível a todos, ou um blockchain privado, que é implantado em uma instituição ou rede. A falta de confidencialidade dos dados e de segurança robusta torna alguns blockchains públicos inadequados para um blockchain do setor de saúde, que exige confidencialidade e acesso controlado e auditável. Além disso, há problemas de escalabilidade para aplicativos de blockchain em grande escala e amplamente usados.

Os blockchains privados, por outro lado, podem atender às preocupações com confidencialidade, segurança e escalabilidade. No entanto, esses blockchains apresentam desafios diferentes relacionados à neutralidade do fornecedor das soluções e ao não uso de padrões abertos.

	Fatores positivos	Fatores negativos
Diagnóstico interno	**FORÇAS** - Eficiência operacional - Facilita o compartilhamento de informações. Não há necessidade de enviar vários documentos. O registro pode ser feito diretamente no blockchain. - Criptografia segura e armazenamento de dados à prova de adulteração - Elimina a necessidade de uma autoridade central ter acesso total aos dados	**FRAQUEZAS** - As regras de negócios mudam com frequência, mas esse não é o caso do blockchain. - A blockchain geralmente não é modular. Isso significa que um módulo de criptografia antigo não pode ser facilmente substituído. - O que acontece se as regras de negócios mudarem e quisermos exportar os dados para um novo blockchain com os modelos de dados corretos? Um blockchain não oferece uma estratégia de saída imediata e pronta para uso. - A tecnologia blockchain pode entrar em conflito com as abordagens existentes de conformidade regulatória, principalmente com as normas de dados pessoais. - O conceito não é fácil de ser compreendido por todos. É necessário um bom ensino ou treinamento para possibilitar a adoção em massa.
Diagnóstico externo	**OPORTUNIDADES** - Fornece uma plataforma para Big Data e pesquisa analítica. - Devolve o controle ao usuário, por exemplo, todos podem controlar quem tem acesso a esses dados, e todas essas autorizações serão armazenadas no blockchain. - O surgimento da tecnologia digital em toda a rede de saúde nacional ou local significa que mais pessoas aceitarão o conceito de blockchain em suas vidas diárias.	**AMEAÇAS** - Problemas de escalabilidade: o excesso de transações leva à sobrecarga, embora existam várias soluções disponíveis. - Um ambiente em rápida mudança - Sempre há a possibilidade de ataques e hackers.

Tabela 10Análise SWOT da tecnologia blockchain para o setor de saúde

3. Estudo técnico

Os dados de saúde podem não estar disponíveis em um formato idêntico. Isso significa que os vários participantes do ecossistema de saúde, como pacientes, autoridades públicas, profissionais da área médica e pesquisadores, não podem acessá-los para oferecer diagnóstico e atendimento personalizados. Além desse problema, há a questão da interoperabilidade dos sistemas e das tecnologias usadas. Como resultado, a proposta de soluções digitais ideais no campo da saúde está se mostrando interessante.

Este estudo técnico esclarece a solução adotada para remediar esses desafios. Ele envolve a especificação de um conjunto de requisitos (3.1) e uma descrição técnica do modelo de blockchain escolhido (3.2).

3.1. Especificações

A especificação inclui um diagnóstico técnico (3.1.1), uma especificação de requisitos (3.1.2) e uma delimitação dos módulos do sistema (3.1.3).

3.1.1. Diagnóstico técnico

[99][100]Usando o relatório elaborado em dezembro de 2014 durante o diálogo social para políticas, estratégias e planos nacionais de saúde, bem como um inventário do sistema de saúde tunisiano focado no setor público

---

[99] Ben Salah F. Benhafaiedh A. , et al , (2014), "Santé en Tunisie, état des lieux", @ Comitê technique du dialogue sociétal pour les politiques, stratégies et plans nationaux de santé (relatório), 194p.

[100ème]H elmi I., (2017), "e-santé Tunisie -Vers un système de santé connecté", @ 2 session of the International Digital Health Forum (conference), Hammamet, 31 p,

apresentado no segundo Fórum Internacional de Saúde Digital realizado em fevereiro de 2017, é possível chegar às seguintes conclusões:

❖ **Infraestrutura**

A implantação da rede nacional de saúde é insuficiente: a digitalização dos sistemas de informações de saúde (HIS) e dos sistemas de informações hospitalares (HIS) exige, antes de tudo, uma infraestrutura de rede de alta qualidade para permitir a troca de informações para o atendimento aos cidadãos.

❖ **Sistema de informação**

O diagnóstico mostrou, em primeiro lugar, que há uma falta de procedimentos médicos padronizados e praticamente nenhuma cultura de compartilhamento. Certos procedimentos médicos exigem padronização e unificação.

Em segundo lugar, o sistema de informações não está atualmente centrado no paciente e em sua trajetória de atendimento. Isso se deve, por um lado, à falta de uma estrutura de referência legal que regule o Prontuário Médico e, por outro lado, ao fato de que o Prontuário Médico não permite, em algumas configurações, rastrear a trajetória de atendimento de um paciente, dada a proliferação de prontuários médicos criados por cada departamento, a falta de integração dos SISs dos diversos estabelecimentos de saúde e a ausência de um Identificador Único.

Essas deficiências geram custos adicionais evitáveis, afetam negativamente a qualidade do atendimento ao paciente e dificultam a troca de experiências entre os profissionais de saúde.

Em terceiro lugar, as soluções digitais são implantadas apenas parcialmente na área do SIS porque falta integração entre todos os participantes do sistema de saúde, como pagadores (CNAM, seguradoras etc.), a farmácia central, o setor privado (ambulatórios, laboratórios, clínicas etc.) e outros participantes do ecossistema de saúde.

❖ **Medicamentos**

Deve-se observar que há lacunas na rastreabilidade de ponta a ponta do circuito de medicamentos, bem como atrasos nos procedimentos de autorização de comercialização de novos medicamentos e pedidos de renovação.

3.1.2. Especificação de requisitos

O gerenciamento aprimorado do fluxo de pacientes permite o acompanhamento eficaz do atendimento e o melhor uso dos serviços por meio de um melhor conhecimento da condição real do paciente por meio de um registro médico constantemente atualizado de acordo com os tratamentos e diagnósticos clínicos. Isso possibilita o fornecimento de informações atualizadas à família do paciente, a garantia de satisfação geral e a flexibilidade no faturamento dos serviços prestados.

Além disso, a administração de medicamentos deve garantir que a dose certa do medicamento certo seja administrada ao paciente certo, no momento certo e na ordem certa. Para limitar os erros médicos e suas consequências prejudiciais para os pacientes e hospitais, que pagam por eles em compensação financeira, é importante adotar uma abordagem holística para o atendimento prestado a um paciente, o que significa criar um sistema de informações centrado no paciente e levar em conta, desde o início, como integrar os vários sistemas eletrônicos já em uso.

[101]Na verdade, os profissionais de saúde estão deixando passar três fatores muito importantes no procedimento de administração de medicamentos aos pacientes. O primeiro fator é o tempo. Os enfermeiros e gerentes de enfermagem são obrigados a dedicar uma porcentagem de seu tempo a tarefas administrativas. O farmacêutico hospitalar é totalmente absorvido pela administração de documentos que acompanham a entrega de medicamentos. Os preparadores precisam anotar as doses de seus medicamentos à mão. O chefe da sala de cirurgia precisa gerenciar manualmente os estoques de dispositivos implantáveis. Essas restrições

---

[101] Rabaoui A. et Messeoudi H., (2009), "Conception et réalisation d'une chaine logistique intelligente pour l'industrie pharmaceutique par RFID", @ ENISO (Mémoire de Projet de Fin d'Études), 65 p.

são agravadas pelas condições de trabalho. Em outras palavras, as condições em que as atividades de atendimento são realizadas não estão mais em conformidade com as regras de segurança mais básicas e inevitavelmente levam a incidentes com consequências conhecidas.

O segundo fator é a segurança, que é um dos elementos impostos pelas autoridades de saúde. Entretanto, todos os procedimentos impostos representam um volume considerável de informações que requerem recursos tecnológicos não disponíveis para os cuidadores.

O terceiro fator é o controle de custos, que se tornou a principal preocupação dos diretores de escolas. As fontes de perdas financeiras são numerosas demais para serem listadas de forma exaustiva.

É por isso que uma abordagem usando a tecnologia blockchain pode melhorar significativamente a qualidade do atendimento e oferecer benefícios tangíveis aos pacientes. A ideia é projetar uma plataforma inteligente de blockchain para o setor de saúde. Trata-se de um aplicativo móvel e da Web que permite o gerenciamento digital de registros de pacientes por meio da integração de interfaces de usuário significativas para que pacientes e prestadores de serviços gerenciem as informações inseridas. Nosso aplicativo, ilustrado na Figura 10, deve permitir:

✓ Gerenciamento de uma interface da Web simples e segura para automatizar o fluxo de informações em um hospital ou outra instituição de saúde.
✓ A velocidade das operações relacionadas ao tráfico de drogas.
✓ A economia do consumo de produtos farmacêuticos.
✓ Acesso seguro dos cidadãos aos seus dados de saúde e o compartilhamento desses dados com as diversas partes interessadas do setor de saúde.
✓ O objetivo de melhorar a qualidade dos dados é aprimorar a pesquisa médica, a prevenção de doenças e a personalização da assistência médica.
✓ Melhoria no gerenciamento de pacientes pelos médicos.
✓ Padronização de registros de saúde computadorizados de pacientes na Tunísia.
✓ Aprimoramento da interoperabilidade entre sistemas e aplicativos de saúde.

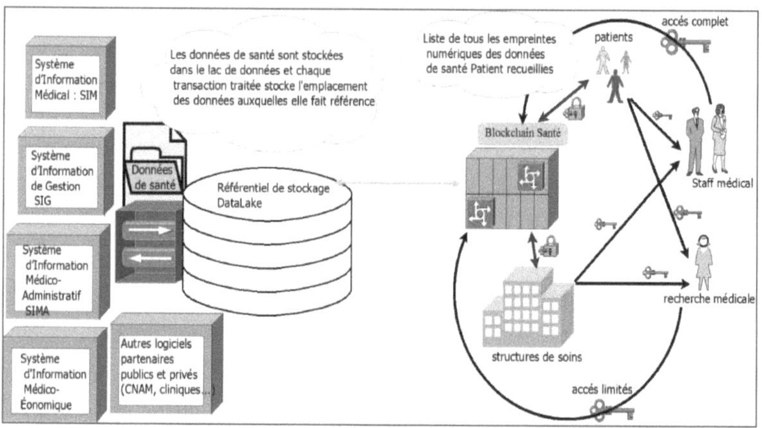

Figura 9Arquitetura do aplicativo de blockchain de saúde proposto

3.1.3. Delimitação dos módulos do sistema

Podemos identificar três módulos que podem ser integrados à plataforma Blockchain planejada: um módulo para o registro médico compartilhado (3.1.3.1), outro para o gerenciamento de faturamento e reclamações (3.1.3.2) e um terceiro *para a* rastreabilidade de medicamentos (3.1.3.3).

3.1.3.1. Módulo de arquivo médico compartilhado

O arquivo de seguros faz parte do arquivo médico computadorizado DMI do Ministério da Saúde. O CNAM está modernizando seu sistema de informações por meio da integração de novas tecnologias. Ele espera obter melhor qualidade, melhor controle e melhor gerenciamento do teto, bem como processamento automático de benefícios. O objetivo é garantir o acesso ao atendimento e um melhor gerenciamento dos recursos disponíveis.

Para isso, a digitalização do arquivo do seguro de saúde é um dos componentes do sistema de informações do CNAM. [102]As prioridades estratégicas do fundo incluem :

- A desmaterialização das fichas de atendimento por meio da definição de uma cesta de atendimento para cada APCI e de um protocolo terapêutico (definindo os medicamentos mais adequados) e outro para reembolso;
- A desmaterialização de solicitações de serviços está sujeita a acordo prévio;
- A introdução de um formato eletrônico para documentos de alta hospitalar.

De acordo com as prioridades estratégicas do CNAM, a tecnologia blockchain pode ser usada para criar um registro médico eletrônico compartilhado. Esse arquivo digital permite que profissionais de saúde autorizados acessem informações úteis para o tratamento de um segurado e compartilhem essas informações médicas com outros profissionais de saúde: medicamentos, relatórios de hospitalização e consulta, resultados de exames (raios X, análises biológicas etc.) etc.

Ele deve ser semelhante a um registro de saúde, que é sempre seguro e acessível a profissionais de saúde autorizados (médicos, enfermeiros, farmacêuticos etc.).

[103]Na Estônia, por exemplo, a empresa de blockchain Guardtime e a eHealth Foundation anunciaram uma parceria em março de 2016, com a implantação de um sistema baseado em blockchain para proteger mais de um milhão de registros médicos.

O desafio é que a saúde digital gira em torno dos dados pessoais dos pacientes. Os dados de saúde são altamente confidenciais, portanto, se quisermos progredir em um projeto de registro médico computadorizado, precisamos de uma estrutura jurídica que proteja os dados pessoais.

---

[102] Irmani B. et al , (2017), "Le Système d'Echange Electronique des Données : èmeLe volet assurance maladie du Dossier Médical Informatisé",@ 2 session of the International Digital Health Forum (conference), Hammamet, 39 p;

[103] "La Blockchain décryptée", disponível em https://managersante.com/2017/11/27/revolution-blockchain-sante-adnanelbakri/;

Concluindo, a modernização da prestação de serviços de saúde é uma escolha estratégica e uma obrigação se quisermos garantir a continuidade da assistência médica em toda a Tunísia e estabelecer uma boa governança das várias estruturas de saúde.

3.1.3.2. Módulo de gerenciamento de faturamento e gerenciamento de reclamações

Os sistemas baseados em blockchain podem oferecer soluções realistas para minimizar a fraude no faturamento médico. Essas fraudes resultam de faturamento falso ou faturamento excessivo de serviços não realizados.

Além disso, esses sistemas poderiam ajudar a reduzir os custos administrativos e os atrasos para fornecedores e pagadores.

3.1.3.3. Módulo de rastreabilidade de medicamentos

Para combater a falsificação de medicamentos, um sistema baseado na tecnologia blockchain poderia registrar e rastrear cada estágio da cadeia de suprimentos no nível do produto farmacêutico. Além disso, usando chaves privadas e contratos inteligentes, seria possível, por um lado, provar a propriedade da fonte dos medicamentos em qualquer ponto da cadeia de suprimentos e, por outro, gerenciar contratos entre as várias partes.

[104]Um exemplo disso é um caso de uso de cadeia de suprimentos desenvolvido pela IBM. A solução permite que todo um processo em uma cadeia de distribuição seja monitorado em escala internacional. Dessa forma, cada participante pode intervir e controlar o estágio pelo qual é responsável.

3.2. Descrição técnica do modelo Blockchain para registros compartilhados de pacientes

---

[104] "Blockchain, multiple use cases without cryptocurrency", disponível em https://thd.tn/la-blockchain-des-cas-dusages-multiples-sans-cryptomonnaie/ ;

Esta seção descreve o modelo de blockchain escolhido, esclarecendo como ele funciona (3.2.1) e as garantias de acesso seguro e confidencialidade dos dados (3.2.2).

3.2.1. Como funciona

Para evitar qualquer risco associado ao armazenamento de dados públicos no Blockchain, é possível projetar uma solução que permita que não os dados em si sejam armazenados usando a tecnologia Blockchain, mas sim sua impressão digital, de modo que os dados permaneçam armazenados fora do Blockchain.

Nossa proposta envolve o uso de uma arquitetura baseada em Blockchain como um gerenciador de controle de acesso para registros eletrônicos de saúde de pacientes.

Qualquer Blockchain para a área da saúde e, em particular, para o registro compartilhado do paciente, também deve incluir soluções tecnológicas para três elementos principais: escalabilidade, segurança de acesso e confidencialidade dos dados.

Um blockchain distribuído contendo registros, documentos ou imagens de saúde teria implicações para o armazenamento de dados e para limitar a taxa de transferência de dados. De fato, como os dados de saúde são dinâmicos e expansivos, a replicação de todos os registros de saúde em cada membro da rede exigiria muita largura de banda, desperdiçaria recursos de rede e causaria problemas de rendimento de dados.

Para que o setor de saúde aproveite a tecnologia Blockchain, é útil desenvolver uma estrutura que funcione como um gerenciador de controle de acesso para registros e dados de saúde.

As informações contidas na estrutura de blockchain de saúde proposta seriam semelhantes a um índice ou catálogo que contém uma lista de todos os registros de saúde do paciente. As transações nos blocos conteriam o identificador exclusivo de um usuário, um identificador criptografado vinculado ao registro de dados de saúde e um carimbo de data/hora indicando quando a transação foi criada.

Para melhorar a eficiência do acesso aos dados, a transação conteria o tipo de dados contidos no registro de saúde e qualquer outro metadado que facilitasse as consultas usadas com frequência. Dessa forma, o Health

Blockchain conteria um histórico indexado completo de todos os dados médicos, inclusive registros médicos formais, bem como dados de saúde provenientes do provável uso de aplicativos móveis. Esses dados acompanhariam um usuário individual durante toda a sua vida.

[105]No primeiro estágio, todos os dados médicos seriam armazenados fora do blockchain em um repositório de dados conhecido como data lake. Um lago de dados é um repositório de armazenamento que permite que um volume de dados brutos seja mantido em seu formato nativo até que seja útil para exploração. Graças a esse lago de dados, a pesquisa e a análise de saúde seriam fáceis. Seria possível explorar fatores que levam a resultados específicos, determinar opções de tratamento ideais e aprimorar a medicina preventiva. Além disso, todas as informações armazenadas no lago de dados seriam criptografadas e assinadas digitalmente para garantir a confidencialidade e a autenticidade das informações.

Conceitualmente, a figura a seguir (Figura 11) resume o caso de uso desse repositório de dados. Os dados estruturados, semiestruturados e não estruturados são introduzidos no lago de dados, a partir do qual uma visão única do cliente (SCV) é derivada de forma holística.

---

[105] Tomcy J. e Pankaj M. , (2017), "Data Lake for Enterprises - Leveraging Lambda Architecture for building Enterprise Data Lake", Copyright © 2017 Packt Publishing, páginas 38 - 43

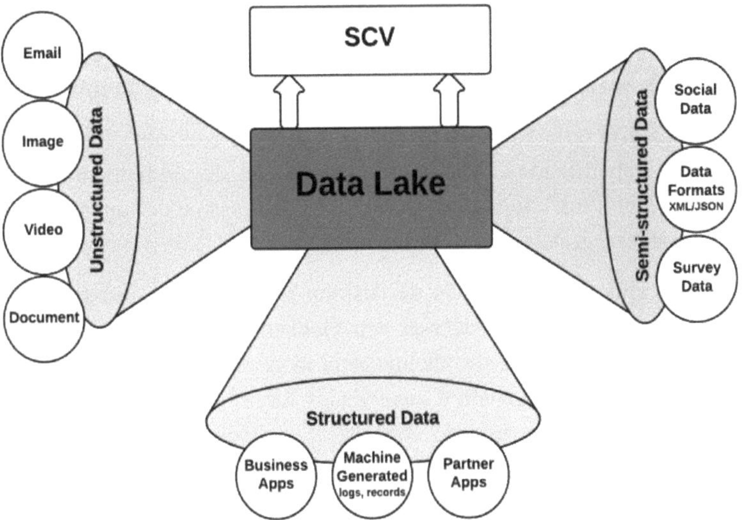

Figura 10Visão conceitual do caso de uso do Data Lake para um SCV[106]

Em um segundo estágio, as informações armazenadas no lago de dados serão integradas diretamente em um blockchain separado que será acessível a todos os membros do sistema.

Quando um prestador de serviços de saúde, como um médico ou técnico de radiologia, cria um registro médico (receita, exame laboratorial, ressonância magnética etc.), é criada uma assinatura digital para verificar a autenticidade do documento ou da imagem. Os dados de saúde seriam criptografados e enviados para o lago de dados para armazenamento. Cada vez que as informações são registradas no Data Lake, uma referência ao registro de saúde é adicionada ao Blockchain em associação com o identificador exclusivo do usuário. Uma notificação será enviada ao paciente informando que os dados de saúde foram adicionados ao seu Blockchain.

Em um terceiro estágio, e à medida que o sistema amadurecer, os pacientes poderão adicionar dados de saúde usando assinaturas digitais e

---

[106] Tomcy J. e Pankaj M. , (2017), "Data Lake for Enterprises - Leveraging Lambda Architecture for building Enterprise Data Lake", Copyright © 2017 Packt Publishing, página 36

criptografia de aplicativos móveis e sensores portáteis disponibilizados a eles.

3.2.2. Segurança de acesso e confidencialidade dos dados

O usuário teria acesso total aos seus dados e controle sobre como eles são compartilhados, mas sem a capacidade de excluir dados. O usuário atribuirá um conjunto de permissões de acesso e designará quem pode consultar e gravar dados em seu blockchain.

Um aplicativo móvel ou de desktop permitiria aos usuários ver quem tem permissão para acessar seu blockchain. O usuário também poderia visualizar um registro de auditoria mostrando quem acessou seu blockchain, incluindo quando e quais dados foram acessados. O mesmo painel permitiria que o usuário concedesse e revogasse permissões de acesso a qualquer pessoa com um identificador exclusivo. Isso proporciona um ambiente de transparência e permite que o usuário tome todas as decisões sobre quais dados são coletados e como os dados podem ser compartilhados.

Idealmente, é desejável usar um sistema de identidade biométrica, pois ele oferece mais segurança do que os métodos de autenticação de identidade baseados em senhas e cartões inteligentes.

A implantação desse sistema baseado em Blockchain permite uma melhor colaboração entre o paciente, provedores de saúde específicos e várias entidades de saúde. A natureza descentralizada do Blockchain, combinada com as transações assinadas digitalmente, garante um grau de igualdade no que diz respeito aos direitos de assistência médica.

Além disso, o armazenamento dos dados em um repositório separado os protege de qualquer intrusão ilegal no registro compartilhado, pois somente os ponteiros com hash e as informações criptografadas estariam contidos nas transações.

Esse sistema também pode ser usado para gerenciar o faturamento. Um bloco é criado na rede Blockchain quando os nós pares de um conjunto de validadores executam um consenso em um conjunto de resultados de transações de acordo com uma lógica de verificação que especifica as condições sob as quais uma transação pode ser executada e se as condições contratuais são satisfatórias.

Tomando o seguro-saúde como exemplo, consideramos um cenário simples em que os principais processos são transações de seguro padrão, como registro de clientes, envio de pedidos de reembolso, processamento de reembolsos etc. O Blockchain mantém a execução e os resultados de cada transação e garante que os clientes não forneçam declarações falsas à seguradora e que a seguradora seja responsável por todos os serviços que presta.

4. Recomendações e o caminho a seguir

Soluções digitais inovadoras baseadas na tecnologia blockchain podem melhorar a organização dos serviços de saúde e oferecer atendimento de qualidade aos pacientes tunisianos. Para isso, precisamos mapear um caminho a seguir, incluindo uma lista de recomendações extraídas das experiências de governos e instituições públicas de todo o mundo que testaram essa tecnologia.

Com a ajuda dos recursos documentais disponíveis na Internet, pudemos consultar vários livros e artigos em inglês e francês que tratam desse tópico e identificar o caminho que a Tunísia precisa seguir para implantar a tecnologia blockchain de forma eficaz e eficiente no setor de saúde.

Em primeiro lugar, uma solução baseada em tecnologia deve ser projetada para atender às necessidades dos cidadãos e dos sistemas de saúde existentes. Sua implementação precisa ser cuidadosamente adaptada ao contexto local, regional e nacional.

Em segundo lugar, a adoção dessa solução deve ser vista como parte integrante do setor de saúde e de seus sistemas de TI, de modo a apoiar as medidas e estratégias adotadas pelo governo tunisiano para reformar seus sistemas de saúde.

Além disso, é necessário obter o compromisso ativo de todas as partes interessadas no ecossistema de saúde para alcançar um resultado que seja útil tanto para os cidadãos quanto para as autoridades de saúde pública. É trabalhando juntos que podemos conseguir a rápida implantação de soluções digitais inovadoras no campo da saúde, bem como em outras áreas, com impacto mínimo.

Também deve ser dada atenção ao aprimoramento da legislação existente sobre proteção de dados pessoais, identificação eletrônica e segurança da informação por meio da introdução de medidas vinculadas ao uso da tecnologia blockchain.

Por fim, a definição de especificações para um formato unificado de troca de registros eletrônicos de saúde é apreciada no interesse de promover o desenvolvimento sustentável e evitar a possível exploração de dados para pesquisa e outros fins.

Todas essas medidas também podem levar ao desenvolvimento de ecossistemas regionais de saúde mais robustos.

Conclusão

A visão definida neste capítulo é promover a saúde, fornecendo uma solução baseada na tecnologia Blockchain que ajudará a atender às necessidades não atendidas dos pacientes e facilitará o acesso igualitário a cuidados de alta qualidade. Essa solução também tornará os sistemas de saúde e atendimento da Tunísia mais resilientes e sustentáveis.

Decidimos nos concentrar no setor de saúde porque é um setor complexo que afeta toda a população da Tunísia. A exploração da tecnologia Blockchain pode ter um impacto relevante em vários processos e cenários de aplicativos. Portanto, os casos de uso nesse setor poderiam ajudar a identificar as vantagens e desvantagens da própria tecnologia.

Uma plataforma que utiliza a tecnologia Blockchain pode fortalecer a confiança, a rastreabilidade e a transparência. Portanto, o Blockchain é visto como um recurso vital na computação confiável.

Conclusão geral

Os dados são uma parte importante da infraestrutura do mundo moderno, pois são essenciais para o funcionamento da sociedade e são um fator fundamental em qualquer transformação digital. É por isso que precisamos ter cuidado com a forma como criamos, mantemos e fortalecemos nossa infraestrutura de dados. A blockchain é uma tecnologia potencialmente importante que nos permite ter uma infraestrutura de dados compartilhada e que merece ser estudada. Daí o interesse desta dissertação de pós-graduação da ENA.

No entanto, o surgimento de novas tecnologias, como o blockchain, sempre passa por um ciclo de pré-integração. O desafio no início desse ciclo é identificar os usos e aplicativos que resistirão ao teste do tempo, especialmente quando se trata de dados pessoais.

A tecnologia blockchain pode ser usada para fortalecer a confiança nos serviços governamentais por meio da verificabilidade pública. Ela também oferece um grande potencial para a manutenção de dados colaborativos, bem como para a coleta e a publicação de dados amplamente distribuídos para aplicações em diversos campos.

Neste relatório, foram apresentadas muitas ideias que introduziriam novas maneiras de lidar com dados por meio da tecnologia blockchain, mas, se implantadas incorretamente, criariam novos e significativos problemas de privacidade. Portanto, o projeto bem-sucedido da infraestrutura de dados resultará do envolvimento dos tomadores de decisões políticas e técnicas em cada setor relevante, identificando desafios comuns e determinando as abordagens tecnológicas mais adequadas para resolvê-los.

Como resultado, o setor de saúde foi escolhido para um estudo aprofundado sobre a integração da tecnologia blockchain. Esse setor foi escolhido porque a adoção de soluções digitais nessa área ainda é lenta e varia muito de região para região, além dos problemas de interoperabilidade existentes na infraestrutura de hardware e software.

A abordagem mais eficaz para o avanço dos objetivos de interoperabilidade no setor de saúde seria a implantação de uma infraestrutura tecnológica nacional baseada em padrões abertos. Além disso, uma infraestrutura distribuída compartilhada que forneça uma visão completa dos dados de saúde de um paciente durante toda a sua vida é um elemento igualmente essencial para o funcionamento adequado dos sistemas de TI interoperáveis dedicados à saúde.

A tecnologia Blockchain atende aos desafios da interoperabilidade, baseia-se em padrões abertos, oferece uma visão compartilhada dos dados de saúde e será amplamente aceita e implantada em todos os setores.

A tecnologia Blockchain será usada para criar um banco de dados descentralizado, sem intermediários. Essa tecnologia permite que uma transação seja automatizada, autenticada, que a data da transação e a identidade das partes envolvidas sejam certificadas, que os dados relacionados à transação sejam armazenados de forma permanente e inalterável e que a inviolabilidade virtual desses dados seja garantida, ao mesmo tempo em que assegura que as partes interessadas tenham livre acesso a eles.

O uso da solução proposta poderia permitir que cidadãos tunisianos, prestadores de serviços de saúde e pesquisadores médicos compartilhassem grandes quantidades de dados de saúde. A aquisição, o armazenamento e o compartilhamento desses dados forneceriam uma base científica para o avanço da pesquisa médica e da medicina de precisão, além de ajudar a identificar e desenvolver novas formas de tratamento e prevenção de doenças.

A tecnologia blockchain pode ocupar um lugar de destaque no ecossistema de TI da área da saúde, e a Tunísia deve considerar fortemente a possibilidade de basear sua estratégia de interoperabilidade nessa tecnologia e seu uso para promover o avanço da medicina de precisão.

Além dos aspectos técnicos da tecnologia blockchain, ela facilitará para a Tunísia a implementação de uma visão de democracia digital. Na verdade, essa ferramenta poderá contribuir para o desenvolvimento equitativo da sociedade por meio da criação de novas oportunidades econômicas, além de uma descentralização completa e aprovada da tomada de decisões públicas e uma maior inclusão dos cidadãos tunisianos no exercício de seus direitos fundamentais.

Como resultado, os cidadãos poderão se beneficiar, onde quer que estejam na Tunísia, do acesso seguro a um arquivo eletrônico completo que contém uma grande quantidade de dados relacionados à sua saúde. Eles também poderão manter o controle de seus dados de saúde e compartilhá-los de forma segura com terceiros autorizados para vários usos, independentemente de onde os dados estejam localizados, em total conformidade com a legislação de proteção de dados.

Para concluir, gostaríamos de salientar que este estudo atual é apenas a primeira etapa de uma pesquisa que precisará ser aprofundada para atingir os objetivos de forma mais eficaz. Além disso, é necessário ampliar gradualmente as áreas de intercâmbio relacionadas à tecnologia Blockchain, de modo a abranger a interoperabilidade dos sistemas de saúde informatizados das diversas partes interessadas, em nível local, regional e nacional, apoiando o desenvolvimento e a adoção de um formato unificado para o intercâmbio de registros informatizados de pacientes. Por fim, o apoio político e a liderança flexível e participativa serão essenciais para que a alavancagem da desmaterialização e a redução dos custos de intervenção sejam efetivamente aproveitadas pelas administrações que lidam diretamente com os pacientes e os cidadãos em geral.

Bibliografia

1. AIMF, (2004), "Fonctionnement de l'état civil dans le monde francophone", @ AIMF, 39 p.

2. Anthes G., (2015), "Estonia: A model for e-government", Artigo em: Communications of the ACM (vol 58), N°6, 3 p.

3. Ben Salah F. Benhafaiedh A. , et al , (2014), "Santé en Tunisie, état des lieux", @ Comitê technique du dialogue sociétal pour les politiques, stratégies et plans nationaux de santé (relatório), 194p.

4. Ben Salah F. Benhafaiedh A. et al, (2014), "Pour une meilleure santé en Tunisie, Faisons le chemin ensemble", @ Comitê technique du dialogue sociétal pour les politiques, stratégies et plans nationaux de santé (Livre blanc), 194 p.

5. Besson B. et al , (2010), "Méthodes d'analyse appliquées à l'intelligence économique", @ ICOMTEC Poitiers (white paper), 127 p.

6. Berbain C., (2017), "La blockchain: concept, technologies, acteurs et usages", Série trimestrielle -Réalités Industrielles - Blockchains and smart contracts: technologies of trust? , 128 p.

7. Blockchain France, (2016), "La Blockchain décryptée-Les clefs d'une révolution", Observatoire Netexplo © Blockchain France Associés, 130 p.

8. Brown D., (2005), "Le gouvernement électronique et l'administration publique", Revue Internationale des Sciences Administratives (Vol. 71), @ I.I.S.A., 192 p.

9. Chakchouk M., (2017), "Blockchain in Tunisia: From Experimentations to a Challenging Commercial Launch", Workshop da ITU sobre "Security Aspects of Blockchain", Genebra, Suíça, 9 p.

10. Delahaye J., (2016), "Monnaies cryptographiques & blockchains", Université de Lille 1@ INRIA Saclay, 169 p.

11. Digital Exploration, (2015), "Estonie se reconstruire par le numérique", (cc) creative commons - Renaissance Numérique, 22 p.

12. Comunidade Ethereum, (2017), "Ethereum Homestead Documentation, Release 0.1", Ethereum Homestead Documentation, 121 pp.

13. EVRY, (2016), "Blockchain: Powering the Internet of Value", Whitepaper @ evry's labs, 50 p.; disponível em https://www.evry.com/en/news/articles/banking-on-the-blockchain/

14. Faridah D., et Gallouj F, (2012) " L'innovation dans les services publics ", Revue française d'économie, volume xxvii, no. 2, pp. 97-142 ; Disponível em https://www.cairn.info/revue-francaise-d-economie-2012-2-page-97.htm

15. Gauche K. e Taddei R., (2011), "Enjeux et services de l'administration électronique locale. Etude de cas", Nouveaux usages de l'internet dans les collectivités territoriales, IAE NICE, França. 19 p.

16. Guillaume B., (2016), "Understanding Blockchain - anticipating the disruptive potential of Blockchain on organisations", uchange.co, 55 p.

17. èmeHelmi I., (2017), "e-santé Tunisie -Vers un système de santé connecté", @ 2 session of the International Digital Health Forum (conference), Hammamet, 31 p.

18. Henman P., (2010), "Governing Electronically: E-Government and the Reconfiguration of Public Administration, Policy and Power", publicado pela primeira vez pela Palgrave Macmillan, 280 p.

19. INNORPI; " Manuel d'utilisation du Site marchand du Registre Central du Commerce ", @ INNORPI /Manuel utilisation version 1, 26 p.

20. Irmani B. et al , (2017), "Le Système d'Echange Electronique des Données: èmeLe volet assurance maladie du Dossier Médical Informatisé",@ 2 session of the International Digital Health Forum (conference), Hammamet, 39 p.

21. Labrot É. e Ségur P., (2011), "Un monde sous surveillance?", © Presses universitaires de Perpignan, 255 p.

22. La Poste Tunisienne, (2016), "Annuaire Statistique 2016", @Poste_Tn, 39 p.

23. Laurence T., (2017), "Blockchain for Dummies", John Wiley & Sons, Inc, Hoboken, New Jersey, 214 pp.

24. Magnen J. e Fourel C., (2015), "Mission d'étude sur les monnaies locales complémentaires et les systèmes d'échange locaux", relatório, Parte Um, sec.secacess-presse@cabinets.finances.gouv.fr, 76 p.

25. MEDEF, (2016), "La blockchain pour les entreprises - Soyez curieux! Entenda e experimente", 60 p.

26. Morabito V., (2017), "Business Innovation Through Blockchain, The B³ Perspective", © Springer International Publishing, 173 pp.

27. Mishra R. et al, (2018), "How Integrated Process Management Completes the Blockchain Jigsaw", Digital Systems & Technology @Cognizant, 16 pp. (em inglês).

28. Nakamoto S., (2008), "Bitcoin: A Peer-to-Peer Electronic Cash System", 9 p.; disponível em www.bitcoin.org

29. Oberdorff H., (2006), "L'administration électronique ou l'e-administration", In: Recherches et Prévisions, n°86, La nouvelle administration. L'information numérique au service du citoyen, 109 p.

30. Tallinn Entrepreneurship Office, (2017), "Tallinn in brief 2017", Tallinn - centro econômico da Estônia, 56 p.

31. Rabaoui A. e Messeoudi H., (2009), "Conception et réalisation d'une chaine logistique intelligente pour l'industrie pharmaceutique par RFID", @ ENISO (Mémoire de Projet de Fin d'Études), 65 p.

32. Safon M., (2018), "La e-santé : Télésanté, santé numérique ou santé connectée", Centre de documentation de l'Irdes (Bibliographie thématique), 342 p.

33. Smart Dubai Office, (2017), "Dubai -the first city on the Blockchain", estudo de caso© Smart Dubai, 19 p.

34. Tapscott D. e Tapscott A., (2016), "Blockchain_Revolution", Penguin Random House LLC (versão 1), 318 pp.

35. Tomcy J. e Pankaj M., (2017), "Data Lake for Enterprises - Leveraging Lambda Architecture for building Enterprise Data Lake", Copyright © 2017 Packt Publishing, 585 pp.

36. Conselheiro Científico Chefe do Governo do Reino Unido, (2016), "Distributed Ledger Technology: beyond block chain", Open Government Licence © Crown copyright, 87 pp.

37. Departamento de Assuntos Econômicos e Sociais das Nações Unidas, (2014), "United Nations E-Government Survey 2014", Copyright © United Nations, 284 pp.

38. Departamento de Assuntos Econômicos e Sociais das Nações Unidas, (2018), "United Nations E-Government Survey 2018", Copyright © United Nations, 300 pp.

Printed by Books on Demand GmbH, Norderstedt / Germany